빛깔있는 책들 201-5

봄가을 음식

글, 사진/뿌리깊은나무

대원사

글/고현진, 정성희 (샘이깊은물 전 기자)
사진/강운구 (샘이깊은물 사진 편집위원)
      김승근 (샘이깊은물 사진 기자)
      권태균, 백승기, 이창수 (샘이깊은물 전 사진 기자)

봄가을 음식

봄나물 세 가지

봄나물 하면 그 가짓수가 노랫말에 나와 이름이 흔히 알려진 달래, 냉이, 씀바귀 들을 비롯하여 열 손가락으로 헤아릴 수 없이 많다. 그 중에서 특히 맛이 있으며 옛날에는 많이들 먹었으나 요새 사람들은 잘 안 먹는 것, 그러나 맘만 먹으면 지금도 얼마든지 해먹을 수 있는 것을 세 가지 골랐다. 씀바귀, 쑥부쟁이, 돌나물이 그것들이다.

그런 나물들은 작은 도시에서면 얼마든지 쉽게 구할 수 있고 큰 도시에서도 가까운 시골에서 봄이면 아주머니들이 밭과 들에서 캐어서 시장에 내와 눈에 익은 냉이며 달래 사이에 끼어 있을 것이니 시장을 한번 샅샅이 훑어보면 그것들을 찾을 수 있을 터이다.

씀바귀는 아직까지 우리들의 눈에 그리 낯설지 않다. 얼핏 보아 냉이와 비슷해 가장자리가 톱니 같은 잎이 길지만 잎줄기가 하얀 것이 냉이의 붉은 잎줄기와 다르고, 가만히 들여다보면 잎에 보송보송 털이 나 있고 뿌리를 자르면 하얀 진이 난다. 씀바귀와 혼동하기 쉬운 것으로 고들빼기라는 것도 있다. 어떤 지방에서는 고들빼기를 씀바귀라고도 하나, 씀바귀와 달리 고들빼기는 잎이 톱니 같지

씀바귀, 돌나물, 쑥부쟁이 들로 만든 나물 무침

않고 그냥 매끈한 편이며 나물로는 거의 먹지 않고 주로 김치를
담가 먹는다. 씀바귀나 고들빼기나 냉이처럼 잎보다는 뿌리를 먹는
나물이다.

쑥부쟁이는 그냥 풀 같다. 쑥부쟁이가 다 자라면 키가 삼십 센티
미터에서 크게는 일 미터까지로 자라지만 나물로 해먹는 것은 이른
봄에 나는 길이가 십 센티미터도 채 못 되는 어린 순이다. 지금도
밭이나 들에서, 좀 축축한 땅에서라면, 얼마든지 구할 수 있으며
뿌리는 먹지 않는다.

돈나물이라고도 하고 돌나물이라고도 부르는 돌나물은 들이나
언덕 바위 틈 어디서나 잘 자라는 번식력이 매우 좋은 봄나물이다.

줄기가 길게 뻗으면서 마디마다 뿌리가 내리고 거기에서 작고 도톰한 잎이 무리지어 꽃송이처럼 난다. 스무해 전쯤에는 이 돌나물을 화분에 심어 그 줄기가 졸졸 뻗어내려 축 늘어지는 것도 즐기고 나물로 해먹으려고 심는 이를 서울에서도 쉽게 볼 수 있었지만 요새는 거의 눈에 뜨이지 않는다. 그러나 시골에서는 봄에 나물로 해먹을 뿐만이 아니라 그 맛이 향긋해서 물김치를 담글 때에도 넣는다.

무슨 까닭에서 그런 말이 나왔는지 모르겠으나 옛날 노인들이 "양반이나 먹는다"고 하는 씀바귀는 이름에서 느낄 수 있듯이 맛이 쓴 것이 특징이다. 우선 그 뿌리를 깨끗이 다듬어 삶아서 스물네 시간을 물에 담가 쓴맛을 우려 낸다. 그러지 않으면 너무 써서 먹을 수가 없다. 그것을 깨소금, 참기름, 파, 마늘—풋마늘이 나는 철에는 풋마늘을 쓴다.—을 넣고 된장과 고추장으로 간을 하여 바락바락 무친다. 그래야 간이 배고 부드러워진다. 그렇게 무친 나물은 맛이 씁쓸해서 처음에는 안 당기지만 한번 씹으면 입맛을 돋운다.

쑥부쟁이는 끓는 물에 살짝 데쳐서 또한 참기름, 깨소금, 파, 마늘을 넣고 조선간장으로 간을 하여 조물락조물락 무친다. 무쳐서 바로 먹을 것이라면 된장과 고추장으로 간을 해도 좋으나 그렇게 하여 오래 두면 빛깔이 변한다. 그렇게 무친 나물의 맛은 풋풋하고 상긋하다.

돌나물은 우선 깨끗이 씻어서 줄기에 붙은 잎 송아리를 덩어리 덩어리 떼낸다.(콩나물 다듬는 일만큼이나 손이 간다.) 그것을 미리 준비해 놓은 초고추장과 깨소금, 생강과 파와 마늘을 넣고 소금으로 간을 한다. 본디 초를 친 음식에 생강을 넣으면 초의 산뜻한 맛이 살고, 참기름을 치면 그 맛이 죽는다. 돌나물을 무칠 때에는 다른 나물을 무칠 때와는 달리 손으로 몇번 살짝 뒤집은 뒤에 마치 키질 하듯이 그릇을 까불어서 간이 고루 가도록 하는데 그것도 너무 오래 하면 풀내가 나고, 또 무쳐서 바로 먹어야지 좀 시간이 지나면 나물

인삼 뿌리 같은 것이 씀바귀이고
그 왼편이 돌나물, 그리고 아래
에 풀 같은 것이 쑥부쟁이이다.
이런 것들을 나물로 무쳐 상에
올리면 돈 많이 안 들이고도
봄 기분 내고 생색 낼 수 있겠다.

봄나물 무칠 때에 필요한 양념 여러 가지. 나물 맛은 흔히 양념 맛이라고도 하는 만큼 특히 장맛이 좋아야 나물이 맛있다. 봄철에는 통마늘 대신에 갓 나온 풋마늘을 채쳐 넣으면 봄 기분을 더 돋울 수 있겠다.

이 폭삭 가라앉아 맛이야 변치 않지만 볼품이 없다. 흔히 데쳐서 무친다고 지레 짐작하기 쉬우나 날로 먹어야 사근사근한 산뜻한 맛이 난다.

이처럼 나물이 여러 가지 준비되면 저마다 따로따로 먹어도 좋지만 배가 출출할 때에 보리밥에 세 가지 나물을 쏟아 붓고 썩썩 비벼 먹으면 그 맛도 일품이려니와 그야말로 "잊었던 옛날이 되살아날 터"이다.

사람들은 혀끝에 향수심을 갖고 있다. 설탕에 절고 인공 감미료에 마비되어 진짜 맛이 무엇인지 잊어 버리고 있지만 어쩌다 마주치면 그렇게 반가울 수 없는 것이 우리의 "땅맛"이다. 아무리 세월이 좋아 시도 때도 없이 먹고 싶은 것 다 해먹을 수 있는 세상이라지만 그래도 제철이 따로 있는 것이니 봄에는 봄나물들을 밥상에 올려 보자. 돈 많이 안 들이고 생색 내고 기분 낼 수 있는 일이다.

돌나물을 다듬고 있다. 길게 뻗은 줄기의 마디마다 꽃송이처럼 난 작고 도톰한 잎 송아리를 덩어리 덩어리 떼낸다.

쑥부쟁이를 끓는 물에 살짝 데친다. 쑥부쟁이가 다 자라면 키가 일 미터까지 되지만 나물로 해 먹는 것은 이른봄에 나는 길이가 10 센티미터도 채 못 되는 어린 순이다.

쏨바귀를 무친다. 이때는 바락바락 무쳐야 간이 고루 배고 부드러워진다.

돌나물도 무칠 준비가 끝났다. 여기에는 초고추장과 여러 양념들을 넣었는데 참기름은 넣지 않았다. 초를 치는 음식에 참기름을 넣으면 초맛이 죽는다.

쑥부쟁이도 이제 무치기만 하면 된다. 이것은 보통 앞의 두 나물과는 달리 조선간장으로 간을 한다.

쏨바귀를 무치기 전이다. 깨끗이 다듬은 쏨바귀 뿌리를 데쳐 하룻동안 물에 담가 쓴 맛을 우려내고 된장, 고추장을 비롯한 여러 양념을 얹고 나물로 무칠 준비를 하고 있다.

두릅적

요새는 나물들을 비닐하우스에 재배해서 철도 없이 먹으나 산에 또는 들에 저절로 난 것을 먹으려면 때를 잘 맞추어야 한다. 조금 이르면 먹고 싶어도 푸새를 구하지 못하고 조금 늦으면 그만 잎이 쇠어서 맛이 떨어지기 때문이다. 그 중에서도 산채의 임금 대접을 받는 두릅이 특히 그러하니 양력으로 사오월에 잠깐밖에 맛볼 수 없는 진귀한 나물이다.

여느 나물들과는 달리 두릅은 재배한 것과 저절로 산에 자란 것이 겉모양새가 달라서 쉽게 구별할 수가 있다. 재배 두릅은 삼월이면 벌써 시장에 나온다. 흔히 열두개를 한 묶음으로 하여 파는데 밑동이 딱딱한 나무 껍질에 싸여 있고, 쓴맛이나 향이 산두릅에 견주어 떨어진다. 한편으로 산두릅은 밑동을 마치 꽃봉오리를 싸고 있는 꽃받침처럼 생긴 붉은색을 띤 꺼풀이 싸고 있다. 그 꺼풀을 한겹 벗겨내고 먹는 것이다. 산두릅은 날것일 때에는 짙푸른 빛깔을 띠다 못해 검은빛이 나기도 하나 끓는 물에 들어갔다 나오면 신기하게도 새파랗게 변한다. 재배 두릅이 날것일 때에도 새파란 빛깔을 띠는 것과는 대조적이다.

두릅적 한 접시. 두릅이 설컹거리면서도 들큰하게 씹히는 느낌이 신선하고 입안에
은은히 퍼지는 쌉싸래한 향내에 기분이 좋아진다.

　두릅은 사실 끓는 물에 소금 넣고 슬쩍 데쳐 초고추장을 찍어
먹어야 제맛과 제향을 살려 먹는다고 할 수 있다. 그 밖의 다른 양념
이나 재료가 섞이면 오히려 두릅에 특유한 향이 달아날 터이니 말이
다. 그럼에도 불구하고 볶아 먹고 전 부쳐 먹고 하는 것은 마치 싱싱
한 생선을 날로 회쳐 먹어야 제맛이 난다고 해서 날마다 회만 먹지
는 않듯이 맛의 다양함을 즐기려고 그럴 터이다.
　두릅적은 이름 그대로 두릅을 비롯한 몇 가지 재료를 대꼬챙이에
끼워 프라이팬에 부친 것이다.(어떤 이는 이것을 두릅 산적이라고
부르기도 하나 산적은 재료를 날것인 채로 꼬치에 끼워 익히는 전을
말하니 두릅은 데쳐서 쓰므로 두릅적이라고 불러야 옳다.) 두릅에

두릅적을 만드는 데에 쓸 재료
들. 두릅말고 다른 재료의 종류
가 많으면 두릅의 고유한 맛과
향이 깎이어서 좋지 않다. 그래
서 두릅과 쇠고기, 그 밖의 양념
만을 준비했다.

곁들이는 재료가 반드시 정해져 있지는 않아서 그때그때 집에 마련
되어 있는 재료를 가지고 만드나 종류가 많으면 두릅 맛이 깎이어서
좋지 않으니, 오로지 두릅과 고기를 번갈아 끼워 써 보자.

두릅은 너무 세지 않고 살이 쩌서 통통한 것을 사야 연하다. 잎이
너무 많이 피어 키가 큰 것은 질기기 십상이다. 보통 키가 오 센티미
터 안팎인 것이 먹기에 적당하다.

먼저 두릅을 말끔히 다듬는다. 앞서 말했듯이 붉은빛이 도는 꺼풀
을 한겹 벗겨내고 물에 가볍게 씻는다. 이것을 끓는 물에 소금 넣고
슬쩍 데쳐 곧바로 찬물로 헹군다. 그래야 새파란 빛깔이 곱게 나온
다. 너무 삶거나 덜 삶으면 밑동이 검어진다. 그때에 밑동이 순보다

두릅을 말끔히 다듬는다. 붉은빛이 도는 꺼풀을
한겹 벗겨내어 물에 씻는다.

팔팔 끓는 물에 소금 조금 넣고 슬쩍 데쳐 곧바로
찬물로 헹군다. 그래야 새파란 빛깔이 곱게 나온
다. 너무 삶거나 덜 삶으면 밑동이 검어진다.

쇠고기는 살이 많은 볼기살을 사서 길이는 두릅보
다 조금 길게, 두께는 5밀리미터로 제법 도톰하게
썬다. 이것을 갖은 양념으로 버무려서 잠깐 둔다.
두릅도 소금과 참기름으로 밑간을 해 둔다.

대꼬챙이에 간이 밴 두릅과 고기를 번갈아 끼운
다. 두릅이 주인공인 만큼 두릅을 더 많이 먹도록
양쪽 가장자리에 오도록 끼운다. 꼬챙이에 재료를
끼울 때에는 조금 틈을 두는 것이 좋다.

프라이팬을 달구어 두릅적을 부친다. 곧 밀가루옷
을 얇고 고르게 입히고 달걀 물을 씌워 부치되
너무 익으면 두릅은 말할 것도 없고 고기도 맛이
달아나니 고기가 익을 만큼만 불에 둔다.

두릅적 17

두꺼우므로 밑동을 먼저 넣어 좀 익힌 다음에 전체를 집어넣어야한다. 그런데 어떤 이는 두릅을 미리 다듬지 말고 데친 다음에 꺼풀을 벗겨야 깨끗하게 벗겨진다고도 한다.

데쳐 낸 두릅을 밑동 위쪽에 칼을 집어넣어 칼집을 내고 손으로반 가른다. 슬슬 물기를 짜내고 소금과 참기름으로 간을 맞추어맛을 낸다.

쇠고기는 살이 많은 볼기살을 사서 길이는 두릅보다 조금 길게,두께는 오 밀리미터로 제법 도톰하게 썬다. 다진 마늘과 파, 간장,후춧가루, 참기름 들을 넣어 버무려서 맛이 배도록 잠깐 둔다.

길이가 십 센티미터쯤 되는 대꼬챙이에 두릅과 쇠고기를 번갈아끼운다. 요리 이름에도 나타나듯이 두릅이 주인공인 만큼 두릅을더 많이 먹도록 양쪽 가장자리에 오도록 끼운다. 꼬챙이에 재료를끼울 때에는 재료 사이가 너무 촘촘해선 안 된다고 한다. 살짝 틈이있어야 그 사이로 기름이 들어가 재료를 익혀 주므로 조금 여유있게끼우는 것이 좋다.

또 한 방법으로는 두릅을 죽 꼬챙이에 끼우고 그 위에 다진 고기양념한 것을 납작하게 붙여 지지기도 한다. 이가 약한 이나 노인들이 먹기에는 이 방법이 더 좋다고 한다.

이제 적 부칠 준비를 한다. 밀가루와 달걀 푼 것을 큼직한 그릇에담아서 써야 주변이 밀가루투성이가 되지 않는다. 먼저 밀가루옷을입히는데 아무것도 아닌 듯한 이 일이 적 모양을 내는 데에는 중요한 역할을 한다. 그냥 밀가루에 넣었다 빼는 것이 아니라 두릅적을밀가루에 묻혀 두 손바닥 사이에 두고 탁탁 가볍게 두들겨야 옷이얇고 고르게 입혀진다. 그래야 달걀 물이 고루 묻어 나중에 모양이예쁘게 나온다. 프라이팬을 달구어 기름 두르고 부치되 고기가 익을만큼만 불에 둔다. 너무 익으면 두릅은 말할 것도 없고 고기도 맛이달아난다.

웬만큼 식으면 적 모양이 흐트러지지 않도록 조심하면서 대꼬챙이를 빼고 접시에 담아 초간장을 곁들여 상에 낸다. 식구들끼리 먹을 때에야 상관 없지만 손님이라도 청해서 대접을 할 때에는 개인 접시를 마련하여 두릅적을 덜어다 먹도록 하면 한입에 먹기 어려운 적을 먹기가 한결 편해진다.

양념 맛이 고루 밴 고기 맛도 좋지만 두릅은 두릅대로 설컹거리면서도 들큰하게 씹히는 느낌이 신선하고 입안에 은은히 퍼지는 쌉싸래한 향내에 기분이 좋아진다. 또 고기와 두릅을 같이 먹어도 맛이 잘 어울린다.

이렇게말고 두릅을 또 달리 조리해 먹는 방법이 있다. 곧, 끓는 물에 데친 두릅을 서너 갈래로 찢어 놓고 밀가루를 들깨즙 넣어 약간 눅게 반죽하여 지짐을 부쳐 굵게 채 썰어 초고추장에 무쳐 먹기도 한다. 또 하나는 밀가루와 찹쌀가루를 섞어 반죽한 것을 씌워 두릅전을 부쳐 먹는 방법이다.

두릅적이나 두릅나물이나 두릅전은 앞에서도 말했듯이 사실 두릅의 고유한 맛과 향을 살리기에는 두릅회보다 못한 음식이다. 그러나 똑같은 재료를 가지고 이리저리 색다르게 조리하는 것이 나날이 되풀이되는 일상 생활 특히 식생활에 자그마한 즐거움이 될 수 있겠다.

미나리강회

　예부터 미나리는 우리나라 사람들이 많이 먹어 왔다. 거름진 물이 괸 곳이나 축축한 땅에서 저절로 자라서 특히 논 언저리에 미나리꽝 곧 미나리밭이 생기기 마련이었으니 특별히 돌보아 주지 않아도 되는 미나리의 그 독특한 향기는 누구나 즐길 수 있었다.

　미나리는 그처럼 물이 많은 곳에서 자라기 때문에 예전에는 흔히 거머리가 많이 붙어 있어 손질하기 쉬운 일은 아니었으나, 그래도 미나리적도 부쳐 먹고, 미나리 쌈도 싸먹고, 미나리볶음도 해먹었다. 또 특히 손이 많이 가는 음식이긴 해도 미나리강회를 해먹기도 했다.

　미나리강회는 다음에 적힌 과정을 보면 누구나 알 수 있겠듯이 여간 정성이 들어가는 음식이 아니다.

　이 음식의 재료로는 미나리가 한단이라면, 쇠고기 반근, 달걀 두 알, 그리고 실고추와 잣이 있어야 한다.

　맨 먼저 할 일은 쇠고기를 삶아 편육을 만드는 것이다. 이때에 편육은 여느 때보다 얇게 썰게 되므로 순살코기보다는 기름기가 섞인 양지머리를 써야 썰 때에 부서지지 않는다. 그것은 한 시간

잣이 바깥쪽으로 오도록 하여 접시에 뱅 돌려 담은 미나리강회

남짓하게 고아야 푹 삶아지며 덜 삶아지면 맛이 퍼석퍼석하다. 그리
고 쇠고기가 거의 익었을 즈음에 소금을 조금 넣으면 편육에 간이
밴다. 다 익은 쇠고기는 꺼내어 베나 무명 보자기에 싸서 무거운
돌멩이 같은 것으로 눌러 둔다. 보통 대여섯 시간은 넘게 눌러 두어
야 기름기가 다 빠지고 고들고들해지니, 내일 쓸 것이라면 오늘밤에
해두고 잔다. 그것을 두께가 이 밀리미터쯤 되고 폭이 일 센티미터
남짓하고 길이가 삼사 센티미터쯤 되는 고른 크기로 썬다.

　미나리를 고를 때에는, 한뿌리에 여러 줄기가 붙어 있으니, 속줄기
가 길고 통통하고 연한가를 보고 골라 산다. 그것을 다듬을 때에
속줄기만 남겨 놓고 뼈센 기가 있는 겉줄기와 잎은 다 떼어낸다.

미나리강회에 들어갈 재료들. 미나리가 한단이라면 쇠고기 양지머리로 반근, 달걀 두알, 그리고 실고추와 잣이 조금씩 필요하다. 나중에 강회를 찍어 먹을 초고추장도 빼 놓을 수 없다.

미나리강회에서 미나리 대신에 실파를 쓰면 파강회가 된다. 파강회는 파뿌리 쪽이 도톰하여 미나리강회처럼 바로 말면 너무 투박해지므로 흰빛이 도는 뿌리 쪽을 지단 위에 세로로 한번 꺾어 겹쳐 놓고 허리께에서 옆으로 꺾어 감는다.

꺼풀 벗겨내고, 심이 많이 들어 질길 듯한 뿌리 아랫부분도 잘라 버린다. 이것을 먹기 좋을 만한 길이로-엄지 손가락만하게-자른다. 물쑥이 산지에서부터 삶은 채로 올라온 것인 만큼 한번 더 끓는 물에 살짝 담갔다가 찬물에 헹궈 잡티와 흙, 먼지 따위를 말끔히 씻어 꼭 짜 물기를 던다.

그런 다음에 숙주 나물을 잘 다듬어(모양을 내는 이들이 흔히 머리와 꼬리를 따고 가운데 줄기만 쓰기도 하지만 그럴 필요가 없다.) 소금을 탄 물에 삶는다. 그동안에 미나리를 속줄기가 길고 통통하면서도 연한 것으로 대여섯 가닥을 골라 다듬어서 끓는 물에 소금을 넣고 살짝 데친다. 푸른 빛깔을 살리고 싱싱하게 보이게 하려면 찬물에 헹군다. 숙주 나물과 미나리가 데쳐지면 물기를 꼭 짜내고 물쑥과 같은 길이로 잘라 놓는다. 이때에 물쑥이 이백 그램이면 숙주 나물은 백 그램쯤, 미나리는 오십 그램쯤이 알맞다.

물쑥과 숙주 나물과 미나리가 다 준비되면 대접보다 더 넓은 뚝배기에 쏟아 넣고 다진 파와 마늘, 조선간장(진간장을 쓰면 빛깔이 거무죽죽해진다.), 참기름, 식초를 적당히 넣어 조물조물 무친다. 여기에 청포묵이 좋으면 얇게 채쳐서 또는 편육을 보기 좋게 썰어 슬쩍슬쩍 섞어 무쳐도 좋으며(청포묵을 주요 재료로 하는 탕평채에 물쑥을 넣는 수도 있다.) 시원한 맛을 더하고 싶거든 배를 채쳐서 얹기도 한다. 이때에 양념을 미리 해 두면 지물거려서 맛이 덜하므로 먹기 직전에 무치는 것이 좋다.

이처럼 초간장으로 무친 물쑥 나물은 새콤한 식초 맛에 혀끝이 살짝 자르르하면서 쌉쓰레한 물쑥 맛이 입안을 상긋하게 하니 처음에는 먹기를 주저하던 이들도 차차 젓가락을 자주 대게 되는 묘미를 지녔다. 연근 뿌리처럼 아삭아삭하면서도 쌉쌀한 맛과 향이 독특하여서 쓴맛 좋아하는 이들이 즐겨할 음식이니 남 알지 못하는 귀한 나물 먹는 즐거움도 밥맛을 부풀리는 데에 한몫 거들겠다.

먼저 삶은 물쑥을 깨끗이 다듬는다. 잔털이 많은 겉껍질은 고구마순 껍질 벗기듯이 한 꺼풀 벗겨내고 뿌리 아랫부분도 잘라 버린다. 이것을 먹기 좋을 만한 길이로 자른다.

숙주 나물을 잘 다듬어 소금 탄 물에 삶는다. 그 동안에 미나리를 또한 다듬어 끓는 물에 소금 넣고 살짝 데친다. 숙주 나물과 미나리가 데쳐지면 물기를 꼭 짜내고 물쑥과 같은 길이로 자른다.

청포묵이 좋으면 얇게 채쳐서(또는 편육을 보기 좋게 썰어서) 슬쩍슬쩍 섞어 무쳐도 좋으며 시원한 맛을 더하고 싶거든 배를 채쳐서 얹기도 한다.

준비된 재료를 뚝배기에 쏟아 넣고 다진 파와 마늘, 조선간장, 참기름, 식초를 적당히 넣어 조물조물 무친다. 양념을 미리 해 두면 지물거려서 맛이 덜하므로 먹기 직전에 무치는 것이 좋다.

물쑥 나물에 쓰일 재료들. 물쑥 이백 그램, 숙주 나물 백 그램, 미나리 오십 그램. 청포묵, 배, 그리고 파, 마늘 같은 양념이 필요하다.

물쑥 나물을 무치는 데에 쓰일 양념들

물쑥 나물을 무친 김에 물쑥으로 해먹을 수 있는 음식을 두어 가지 더 알아 보자.

먼저 물쑥 묵가루찜이라는 것이 있다. 날 물쑥을 나물할 때처럼 잘 손질하여 적당한 크기로 썰어 소금에 살짝 절인다. 물쑥에 물기가 축축하게 생기면 묵가루(묵가루가 없으면 감자나 옥수수 녹말가루를 쓴다.) 한 공기를 솔솔 뿌려 전체에 고루 묻힌다. 그런 뒤에 찜통에 베 보자기를 깔고 서로 엉기지 않도록 틈을 벌려서 푹 찐 다음에 차게 식혀 놓는다. 물쑥이 식을 동안에 다진 쇠고기를 다진 파와 마늘, 후춧가루를 뿌려 볶아서 조선간장으로 간을 하고 고춧가루와 깨소금을 쳐서 고루 섞는다. 찐 물쑥을 접시에 담고 그 위에 막 식초를 친 쇠고기 양념장을 얹어 상에 올린다.

이렇게 한 물쑥은 물쑥의 독특한 향이 거의 그대로 배어 있어 향 좋아하는 이들에게 반가운 찬이 된다. 한편으로 찐 물쑥을 냉동실에 얼려 두었다가 그때그때 입맛과 준비된 재료에 맞게 양념을 달리하여, 이를테면 초장이나 고기 양념장, 겨자즙 들을 번갈아 끼얹어 내어도 좋다.

또 물쑥 토장무침이라는 것이 있다. 물쑥을 사 센티미터 길이로 썰어 참기름에 슬쩍 볶은 다음에 고추장과 된장(깍지 없이 체에 곱게 밭인 것)과 깨소금을 섞어 바락바락 무친다. 그래야 간이 고루 배어 쏙쏙함이 살짝 가시고 씹을수록 구수한 맛이 난다.

칡수제비

　칡(정확하게 말하면 칡뿌리) 하면 질기디 질긴, 쓴맛 나는 나무 뿌리 쯤으로밖에 생각되지 않은 수가 있지만 칡으로 수제비를 만들어 먹으면 그 맛이 독특하다. 칡수제비를 만드는 방법은 이렇다.

　먼저 칡뿌리가 있어야겠다. 칡뿌리는 골이 깊은 산에서 나니, 곧 설악산, 태백산, 소백산 같은 곳에 많다. 칡뿌리는 음력으로 정월에 캐서 먹어야 몸에 좋다는 말이 전해 오기도 하는데, 그 까닭은 잘 알 수 없다.

　칡뿌리는 생김새로 보아 암칡과 수칡으로 나눈다. 곧 수칡이 늘씬하니 몸이 기다란 처녀라면, 암칡은 배가 불룩하니 아이 밴 여자 같다. 그런데 정작 산에 가서 칡뿌리를 캘라치면 줄기나 잎, 꽃 모양으로는 구별할 도리가 없어 암칡인 줄 알고 열심히 땅을 파보면 길쭉한 수칡이 나오기 일쑤이다. 몸이 통통하고 쓴맛이 좀 덜하며, 칼로 싹둑 잘라 나이테에 희뿌연 기가 보이는 것이 암칡—전라도 지방에서 "밥칡"이라고 한다.—이라고 보면 틀림없다. 또 칡뿌리를 날로 씹어서 먹다가 마지막에 남는 심지가 덩치가 크면 수칡이고, 작으면 암칡인 것으로 구별하기도 한다. 곧 암칡에는 녹말가루가

칡수제비 한 그릇. 칡뿌리를 갈아 녹말을 내기가 힘겨운 일이긴 하나 그렇게 공들여 끓인 칡수제비는 한번 먹어보면 오래도록 기억에 남는 맛이 독특한 음식이다.

그만큼 많아서 씹으면 크기가 더 작아진다는 말이다.

아무튼 "알"(녹말)이 많은 암칡을 구했으면 흙 속에 묻혀 있던 것인 만큼 껍질에 묻은 흙을 깨끗이 털고 자잘한 돌멩이가 박혀 있을 수 있으니 칼로 껍질을 벗겨 잘게 썬다.(칡뿌리는 결을 맞추어 자르면 쉽게 잘라진다.) 이것을 육이오 뒤에 디딜 방아가 없어진 뒤로 새로이 등장한 무쇠로 된 절구가 있다면 거기에 쏟아 붓고 또한 쇠로 된 절구공이로 힘껏 찧되 질긴 뿌리가 완전히 으깨지도록 찧는다. 그런데 절구를 가지고 있지 않거나 이 일이 힘겨운 사람은 서울이라면 경동 시장에 가서 칡을 사서 그 자리에서 갈아달라고 부탁하면 된다. 그러니까 즙을 내기 직전 상태로 가는 것이다.

칡뿌리를 껍질을 벗겨내고 결을 맞추어 잘게 썬다.

이것을 무쇠 절구에 쏟아 붓고 쇠절구공이로 힘껏 찧되 질긴 뿌리가 완전히 으깨지도록 찧는다.

잘게 으깨진 칡뿌리에서 진흙물을 우려낸 다음 건더기는 버리고 그 물을 체에 밭여 하룻밤 재운다. 그러면 녹말이 가라앉는데 이것으로 수제비를 만든다.

칡수제비에 곁들이는 능이버섯과 무채

잘 말려 둔 능이버섯을 끓는 물에 살짝 데친 다음에 물기를 꼭 짜내고 뜨겁게 달군 냄비에 참기름을 떨어뜨려 볶는다. 잠깐 볶다가 채 썬 무를 넣어 같이 볶는다.

능이버섯과 무채가 웬만큼 익었다 싶으면 끓인 물을 붓는다. 그리고 아까 가라앉힌 칡녹말을 웃물을 쭉 따라 버리고 숟가락으로 조금씩 떠 넣는다. 흰 녹말이 칡 빛깔로 변하면 다 익은 것이다.

잘게 으깨진 칡뿌리를 자배기에 쏟아 붓고 물을 넉넉히 붓는다. 건더기를 두손으로 움켜쥐어 물을 꼭 짜내기를 몇번 한 뒤에 웃물을 쭉 따라 버린다. 다시 깨끗한 물을 붓고 다시 웃물을 따르기를 서너번 되풀이하여 진흙물을 모조리 우려낸다. 그리곤 건더기는 버리고 그 물을 다시 체에 밭혀 하룻밤을 재운다. 그러면 진흙 빛에 가깝던 물 빛깔이 희뿌연하게 변하면서 비로소 녹말이 가라앉는다. 이 녹말로 수제비를 만드는 것이다. 칡뿌리는 본디 막 캐서 축축히 젖은 상태에서 녹말을 내야 맛과 향이 좋을 뿐더러 녹말이 많이 나온다. 그러니, 칡뿌리를 구하자마자 녹말을 내서 냉장고에 넣어두면 오래 두고 먹을 수 있다. 그런데 이때에 가라앉은 녹말 위로 뜬 물을 따라 버리지 말고 물 있는 채로 보관해야 상하지 않는다.

이제 칡수제비에 곁들이는 재료를 준비할 차례다. 수제비가 본디 먹을 것이 모자라던 시절에 밥 삼아 먹었던 음식이어서 부재료로 반드시 무엇이 들어가야 한다는 원칙이 없다. 맑은 국물 좋아하는 이는 멸치나 조개를 넣어 끓이고, 진한 국물 좋아하는 이는 고기 넣어 끓여 국물 맛을 내고, 그때그때 집에 있는 야채를 감자거나 호박이거나를 숭덩숭덩 썰어 넣었겠다.

그런데 칡수제비에는 능이버섯과 무가 가장 제격이라고 한다. 능이버섯은 현대인에게는 그 이름이 매우 낯설지만 「동의보감」에 약효가 뛰어나기로 "첫째 능이, 둘째 표고, 셋째 송이"를 친다고 써 있다. 흔히 박달나무나 참나무에 송이 날 즈음에 나는 버섯으로 삿갓이 크고 넓적하며, 겉은 시커멓고 안은 분홍빛이다. 맛이 쌉싸래한 듯하고, 은은한 향이 배어 있다. 한방에서는 쇠고기를 먹고 체하면 달여서 먹기도 한다고 한다.

늦가을에 능이버섯을 먹기 좋은 크기로 잘라서—통째로 말리면 삿갓이 겹쳐진 부분에 벌레가 생길 수 있다.—채반에 널거나, 실에 줄줄이 꿰어 바람이 잘 통하는 곳에 두어 바짝 말려 소쿠리 같은 데에 넣어 둔다.

　이것을 씻어 자연스럽게 모양이 살아나도록 미지근한 물에 담가 천천히 불린다. 그래서 느타리버섯 데치듯이 끓는 물에 살짝 데친 다음에 물기를 짜내고 뜨겁게 달군 냄비에 참기름을 떨어뜨려 볶는다. 잠깐 볶다가 또한 무를 결대로 채 썰어서 같이 볶는다.

　능이버섯과 무채가 웬만큼 익었다. 싶으면 끓인 물을 붓는다. 그리고 아까 가라앉힌 하얀 칡녹말을 윗물을 쭉 따라 버리고 숟가락으로 조금씩 떠 넣는다. 하얀 녹말이 본래의 칡 빛깔로 변하면 다 익은 것이다. 그런데 녹말이 칡만이 아닌, 이를테면 감자나 옥수수 녹말이 섞여 있는 것이면, (시장에서 사는, 한 봉지에 오천원쯤 하는 칡 녹말가루는 흔히 그런 수가 많다.) 윗물을 따라 버려도 자꾸만 물이 생긴다. 그리고 물에 떠 넣으면 그만 밀가루 수제비처럼 퍼져 버리고 만다.

　이 칡수제비는 뜨거울 때에 먹어야지 식으면 굳어져서 끈적끈적한 풀처럼 된다. 흔히 칡뿌리를 씹을 때에 나는 쓴맛이나 냄새는 온 데 간 데 없고, 국물에 능이버섯 향이 은은히 배어 독특한 맛이 난다. 와삭와삭한 능이버섯과 쫄깃쫄깃한 칡수제비가 잠시 씹는 일에 열중하게 만들기도 하나 쌉싸래한 국물을 후루룩 마시고 나면 속이 말끔하니 개운해지고, 마치 몸에 이로운 보약을 달여 한 사발 마신 듯이 몸마저 가뿐해진다.

칡뿌리. 흔히 속병이 있거나 술 마셔 탈이 난 사람에게 좋은 약으로 쓰이는데, 음력 정월쯤에 캐서 먹어야 몸에 좋다는 말이 있기도 하다.

파전과 쑥굴리

강남에 갔던 제비가 돌아와 추녀 밑에 둥지를 틀기 시작한다는 삼짇날은 음력으로 삼월 삼일이다.

예로부터 이 날에는 진달래꽃을 한아름 따다가 깨끗이 씻어 녹말가루를 묻힌 다음에 끓는 물에 살짝 데쳐 오미자즙에 띄운 진달래화채를 해먹거나 찹쌀가루를 반죽하여 참기름 바르고 붉은 꽃잎을 하나씩 얹어 지져 낸 화전을 즐겨 먹었다. 그런가 하면 부산에서는 파전과 쑥굴리를 같이 해먹었다고 하니, 그 정확한 유래는 알 수 없으되 다만 그 즈음이 파와 쑥이 잎이 새로 나서 여리고 맛이 가장 좋을 때라 삼짇날에 별미로 삼지 않았나 싶다.

먼저 파전은 이렇게 만든다.

조선파 곧 실파는 잎 빛깔이 좀 짙고, 길이가 짤막짤막하면서 밑둥이 가느다란 것이 맛이 좋으니 그런 것으로 한단 골라 사서 깨끗이 다듬어 씻어 반으로 잘라 둔다. 미나리는 한 뿌리에 줄기가 여럿 붙어 있고 속줄기가 길고 통통하면서도 연한 것 반단쯤을 속줄기만 남겨 놓고 뻣센 기가 있는 겉줄기와 잎은 다 떼어내 놓는다. 미나리는 무논과 진배없는 미나리꽝에서 길러 낸 것이므로 거머리가

노릇노릇하게 지져 낸 파전 한 접시. 파의 들큰함에 굴과 홍합의 시원함이 한데 어우러져 느끼한 맛이 거의 없다. 또 파의 독특한 향이 파전 전체에 고루 배어 있는 데다가 가끔씩 씹히는 굴과 홍합 맛이 꼬들꼬들하여 술 안주로는 말할 것도 없고 밥 반찬이나 간식거리로도 그만이다.

있는지 없는지를 잘 살피며 깨끗이 씻어야 한다. 옛날에는 흔히 미나리를 씻어 놋그릇에 담아 얼마쯤 두었다가 건져 썼는데 거머리가 놋쇠에 달라붙는다고 믿었기 때문이다. 그러나 요새 사시사철 나는 미나리에는 거머리가 그리 많지 않으니 흐르는 물에 여러번 씻기만 해도 거머리 걱정은 면할 수 있다. 씻은 미나리는 파 길이에 맞추어 잘라 놓는다.

　다음엔 반죽에 곁들일 해산물을 다듬는다. 지방에 따라 쓰는 해산물의 종류가 달라서 굴과 홍합에 조갯살을 넣기도 하고 때로 오징어를 다져 넣기도 하나 부속물이 너무 많으면 파의 독특한 맛이 덜해질 수 있으니 한두 가지만 쓴다. 곧 굴과 홍합을 넣을 양이면 굴은 알맹이가 흐트러지지 않은 것이, 홍합은 손으로 살짝 눌러 보아 몸통이 팽팽한 것이 싱싱하다. 홍합은 살 사람이 보는 앞에서 까서 파는 이에게 사면 좋다. 이것들을 소금물에 살살 흔들어 씻어 물기를 빼고 잘게 다져 놓되 굴은 잔굴이면 다지지 않아도 된다.

이렇게 모든 재료가 다 손질되면 밀가루 반죽을 한다. 이 밀가루 반죽은 여러 다른 재료를 서로 붙여 주는 "풀"의 구실을 할 만큼 써야지 양이 많으면 파전이 밀떡같이 맛이 밋밋해진다. 밀가루만 쓰기도 하고 맛이 부드러우라고 찹쌀가루를 넣는 이도 있다. 밀가루 둘에 찹쌀가루 하나의 비율로 고루 섞어 달걀을 두세개 깨어 넣고 잘 저어 걸쭉하게 갠다. 간은 소금으로 맞추고 다진 마늘과 깨소금과 참기름으로 양념을 한다. 여기에 굴과 홍합을 넣고 나무 주걱으로 으깨지지 않도록 살살 섞는다.

그리고는 번철을 뜨겁게 달구어 콩기름을 나우 두르고 파의 흰 밑동과 파란 잎이 고루 섞이도록 손으로 모양을 만들면서 군데군데 미나리를 끼워 넣는다. 그 위에 반죽을 적당히 부어 파 사이사이로 밑에까지 스며들도록 나무 주걱으로 꾹꾹 눌러 준다. 한쪽이 노릇노릇하게 익었을 성싶으면 뒤집어서 가장자리에 기름 한번 더 두르고 나무 주걱으로 눌러가며 마저 익힌 다음에 채반에 꺼내 기름기를 뺀다. 상에 올릴 때에는 다진 파와 마늘을 넣고 고춧가루를 뿌려 만든 초간장을 곁들여 낸다.

이렇듯이 노릇노릇하게 지져 낸 파전은 파의 들큰함에 굴과 홍합의 시원함이 한데 어우러져 여느 전에서 느끼기 쉬운 느끼함이 거의 없다. 또 파의 독특한 향이 파전 전체에 고루 배어 있는데다가 가끔씩 씹히는 굴과 홍합 맛이 꼬들꼬들하여 술 안주로는 말할 것도 없고 밥 반찬이나 간식거리로도 그만이다.

파전에 곁들여 먹는 쑥굴리를 만들려면 부산의 동래 지방에서는 이런 재료로 쓴다. 찹쌀이 한되라면 쑥이 두근에 소금 반 큰술갈,

파전에 쓸 재료들. 실파 한단과 미나리 반단, 반죽에 곁들일 굴과 홍합이 반근쯤, 달걀 두세 알과 밀가루가 필요하다.

파전에 쓸 밀가루 반죽은 여러 다른 재료를 서로 붙여 주는 "풀"의 구실을 할 만큼 써야 한다. 밀가루 둘에 찹쌀가루 하나의 비율로 고루 섞어 달걀 물을 붓고 잘 저어 걸쭉하게 갠다.

번철을 뜨겁게 달구어 콩기름을 나우 두르고 파의 흰 밑둥과 파란 잎이 고루 섞이도록 손으로 모양을 만들면서 군데군데 미나리를 끼워 넣는다.

그 위에 반죽을 적당히 부어 파 사이사이로 밑에까지 스며들도록 나무 주걱으로 꾹꾹 눌러 준다.

한쪽이 노릇노릇하게 익었을 성싶으면 뒤집어서 가장자리에 기름 한번 두르고 나무 주걱으로 눌러가며 마저 익힌 다음에 채반에 꺼내 기름기를 뺀다.

절 밥상. 두부국과 미역 부각, 산초 간장, 고수 겉절이, 초피 장떡 그리고 김치가 전부이다. 사진에서 보듯이 절에는 본디 밥상이랄 게 없다. 스님들이 저마다 제 바리때에 찬상에 오른 반찬을 먹을 만큼 덜어서 먹는다.

맛이 날지 궁금해졌다. 그러자 명신 스님은 흙의 양분을 받아 먹고 제 때에 자란 것들은 다 저마다 고유한 맛과 향을 지니고 있어 별다른 양념이 없이도 제맛을 내기 마련이라며 한 젓가락 집어 주는 나물 맛이 독특했다. 흔히 속가에서 "갖은 양념"을 넣고 버무리는 나물을 간장이나 소금으로 간을 적당히 하고 참기름과 깨소금을 살짝 쳐서 맛을 낸다. 화학 조미료나 설탕 들은 아예 들어가지 않는다.

초피 장떡에 드는 재료들. 장떡
의 재료는 특별히 정해져 있지
않으니, 표고버섯을 채 썰어
넣으면 표고 장떡, 미나리를
썰어 넣으면 미나리 장떡이
된다.(위)

장떡 한 접시. 장떡은 절에서
크고작은 행사가 있을 때에
자주 등장하는 음식으로 말하
자면 별미인 셈이다.(가운데)

명신 스님이 초피 장떡을 만들
고 있다. 지난 가을에 따서
말려 둔 초피나무 잎과 쫑쫑
썬 미나리와 표고버섯을 된장
에 섞는다. 밀가루 반죽은 되직
하게 한다.(아래 왼쪽)

된장에 이미 간이 되어 있으므
로 참기름 한 방울 떨어뜨리고
통깨를 뿌려 뚝뚝 떼어 부친
다.(아래 오른쪽)

그이가 사월 어느 날에 차린 저녁 밥상엔 두부국과 미역귀 부각, 산초 간장, 고수 겉절이, "제피"(초피) 장떡 그리고 김치가 올랐다.(절에는 본디 밥상이랄 게 없다. 스님들이 저마다 제 바리때에 찬상에 오른 반찬을 먹을 만큼 덜어서 먹는다.)

두부는 절에서 표고버섯과 함께 가장 잘 먹는 음식에 든다. 밭에서 나는 쇠고기인 콩으로 만들어서 영양가가 높기 때문이다. 속가에서처럼 기름을 둘러 부치거나 고춧가루 뿌려 조려 먹거나 국을 끓여 먹는다. 두부국을 끓이려면 먼저 곱게 간 들깨에 물을 붓고 한소끔 끓인 다음에 이것을 체로 밭혀서 국물을 맑게 한다. 여기에 두부를 깍둑으로 썰어 넣고 소금으로 간하고 생강을 넣어 맛을 돋군다.

부각 또한 절에서 반찬 삼아 잘 먹는 음식이다. 곧 김, 미역, 다시마, 감자, 방앗잎, 동백잎, 들깨 순, 말린 가죽 나물 들로 부각을 잘해 먹는다. 미역귀 부각은 마른 미역귀에 찹쌀로 쑨 풀을 묻혀서 바짝 말려 두었다가 먹을 때에 기름에 튀겨 내어 만든다.

산초는 초가을에 녹황색의 자잘한 꽃이 잔가지 끝에 피었다가 진 뒤에 맺히는 붉고 작은 동글동글한 산초나무 열매를 말린 것이다. 이것을 물에 살짝 삶아서 그 물을 버리고 간장을 부어 재웠다가 하루가 지나면 다시 그 간장을 끓여서 붓는다. 이것이 산초 간장이다. 산초로는 고추장에 박아 장아찌를 만들기도 한다. 향이 독특하고 매운 맛이 나는 이 열매는 혈액 순환을 돕는 약이 되기도 한다.

중국 미나리라고도 부르는 고수는 절 집의 밭에서 흔히 볼 수 있는 풀로 냄새가 비릿하며 강하여 처음 대하는 이는 잠깐 속이 울렁거리기도 한다. 그러나 절에서는 이 독특한 냄새가 오히려 맛을 돋군다고 여겨서 삶으면 냄새가 달아나므로 날것을 초고추장에 찍어 먹거나 상추 겉절이 하듯이 고춧가루와 참기름과 깨소금을 뿌린 양념장에 무쳐 먹는다.

장떡은 쉽게 말하면 된장 또는 고추장에 밀가루를 개어 무엇이거나 구하기 쉬운 재료를 넣어 기름에 부치는 전병이다. 표고버섯을 채 썰어 넣으면 표고 장떡, 미나리를 썰어 넣으면 미나리 장떡이 된다. 명신 스님은 산초와 비슷한 나무인 초피나무의 잎을 바짝 말려 두었다가 장떡을 부쳐 먹기도 한다. 초피나무의 열매는 산초보다 더 매운 맛이 난다. 가을에 따서 말려 두었다가 빻아서 후춧가루 대신으로 먹기도 한다. 또 그 잎을 기름에 볶아서 간장으로 조려 먹기도 한다. 그날은 미나리와 표고버섯이 조금 남아 있어 쫑쫑 썰어 한데에 섞었다. 된장에 이미 간이 되어 있으므로 참기름 한 방울 떨어뜨리고 통깨를 뿌려 뚝뚝 떼어 부치면 된다. 이때 초피잎이 간장 종지로 하나 들어간다면 된장은 큰 숟갈로 하나 반이어야 적당하다. 밀가루와 물은 재료들이 서로 붙을 만큼만 넣고 되직하게 반죽한다. 이렇게 만드는 장떡은 절에서 크고 작은 행사가 있을 때에 주로 등장하는 음식으로 말하자면 별미인 셈이다.

그 밖에 철마다 산과 들에서 나는 갖가지 나물이며 채소가 절 밥상에 오르는 반찬이 된다. 앞에서 말한 몇 가지 양념을 쓰지 않을 뿐이지 요리 방법은 속가에서와 다르지 않다. 다만 고기나 생선을 먹지 않아 모자라기 쉬운 단백질이나 지방을 채울 셈으로 들깨즙이나 참기름을 많이 사용하고, 흔히 약초라고 알려진 풀이나 나무 뿌리를 이용해서 음식을 만들어 먹는다. 그래서 봄 가을이면 그때에 땅에서 나는 것들을 말려 갈무리해 두느라고 명신 스님은 아주 바빠진다.

도미국수

　흔히 봄철 생선으로는 조기를 친다. 그래서 백화점마다 시장마다 급하게 말린 듯한 굴비 두름이 줄줄이 걸리는 때가 삼사월이다. 조기 비슷한 사촌 생선까지 조기로 둔갑해 팔려서 그런지 조기는 이제 좀 흔한 생선이 되어 버린 듯도 하다. 그에 견주면 사월에 제철을 맞는 도미는 아직은 생선의 왕 자리를 지키고 있달 수 있다.

　늦가을부터 이른봄 얼음이 풀릴 무렵까지 겨울잠을 잔 도미는 물이 따뜻해지면 온갖 새우, 낙지, 문어 따위를 왕성하게 먹기 시작하여 살이 통통하게 오르고 지방질이 도톰해진다. 알을 낳는 데에 쓸 힘을 모으느라고 그렇게 먹어 대는 것이다. 그래서 도미는 바닷물이 따뜻해지기 시작하는 삼사월에 잡히는 것이 가장 영양이 풍부하고 또 맛이 좋다. 산란이 끝난 오월에는 몸이 여위어서 "오뉴월 도미는 개도 먹지 않는다"라는 말이 있을 만큼 푸대접을 받는다고 한다.

　맛있는 생선은 무얼 해먹어도 맛이 좋기 마련이다. 칼집 내어 소금 뿌렸다가 그냥 구워 먹어도 좋고 거기에 고추장 양념을 발라 구워도 좋다. 또 갖가지 야채며 고기 집어넣어 도미찜을 해먹어도 별미이

맛깔스러워 보이는 도미국수 한 냄비. 신선로처럼 푸짐하지는 않으나 재료가 다양하여 여러 가지 맛을 볼 수 있는 음식이다.

다. 그냥 날로 회를 떠 먹어도 회의 일품으로 치는 광어회 못지 않게 쫄깃쫄깃하다. 그러가 하면 여기에 소개할 도미국수처럼 갖은 정성을 들여 별식으로 해먹기도 한다.

우선 도미국수 한 냄비를 끓이려면 이런 재료들이 필요하다. 곧, 도미 한 마리, 양지머리와 우둔살이 저마다 오십 그램씩, 등골, 처녑, 간이 조금씩, 표고버섯, 목이버섯, 느타리버섯, 석이버섯 같은 온갖 버섯들, 쑥갓, 미나리, 두부, 달걀, 마늘, 파 그리고 갖은 양념과 밀가루가 필요하다.

먼저 싱싱한 도미를 되도록이면 얼리지 않은 놈으로 사서 손질을 한다. 몸집이 너무 크면 살이 단단하여 맛이 떨어진다고 하니 적당한 크기 곧 몸무게가 오륙백 그램쯤 나가는 것을 사도록 한다. 아가미를 빼고 창자를 끄집어 내야 하는데 흔히 도미를 낚시로 잡아 올려 아가미 속에 바늘이 들어 있는 수가 많으니 조심할 일이다. 칼날을 비껴 세워서 비늘을 긁어내고 지느러미를 뗀 뒤에 잘 씻어서 도미 크기에 따라 깊숙히 서너 군데쯤 어슷하게 칼집을 낸다. 대체로 몸통이 두터운 생선을 요리할 적에 고루 잘 익고 간이 스며들라고 칼집을 내는 것이다.

소금 간은 하지 않는다. 그 대신에 간이 배도록 십분에서 이십분쯤 간장에 재어 놓는다. 그런 다음에 간장물을 빼고 붓으로 참기름을 발라 석쇠에 굽는다. 나중에 국물을 부어 한번 더 끓일 것이므로 바짝 굽지 않아도 된다. 그런데 어떤 이는 도미를 살을 떠서 크게 토막내어 소금과 후춧가루를 뿌려 밀가루와 달걀옷을 입혀 전처럼 지져 두고 하기도 한다. 아마도 도미국수가 이름에 "국수"자가 붙긴 했으나 일종의 전골이어서 여럿이 냄비 하나를 두고 떠먹는 음식이니 저마다 덜어 먹기 좋으라고 토막내는 것으로 변형된 것이 아닐까 짐작된다.

국물은 미리 내어 두어야 일손이 빠르다. 국물 맛은 역시 쇠고기 국물이 좋으니 양지머리를 대파와 통마늘과 함께 찬물에 넣어 푹 끓인다. 중간 싸기의 불에서 한 시간 넘게 고아야 쇠고기 맛이 톡톡히 배어나와 맛이 좋다. 여기에 무를 큼지막히 썰어 넣어 같이 고아도 맛이 시원하다.

이제 도미와 곁들여 올릴 건지들을 조리해 둔다. 궁중 음식에 드는 음식들이 흔히 그러하듯이 도미국수 또한 주재료인 도미를 조리하는 일보다 건지로 쓸 여러 재료들을 매만지고 조리하는 과정이 훨씬 더 번거롭고 시간이 걸린다. 그렇지만 다 해놓고 보면 맛은 말할 것도 없고 보기에 맛깔스러우니 조리하는 데에 들인 품이나 공이 그다지 헛되지는 않을 듯하다.

버섯을 종류대로 손질하여 프라이팬에 볶는다. 곧 느타리버섯을 끓는 물에 슬쩍 데쳐 결대로 찢어 물기를 꾹 짠다. 표고버섯은 마른

먼저 도미를 손질한다. 비늘을 긁어내고 지느러미를 뗀 뒤에 잘 씻어 도미 크기에 따라 깊숙히 서너 군데쯤 어슷하게 칼집을 낸다.

간이 배도록 간장에 이십분쯤 재운 다음에 붓으로 참기름을 발라 석쇠에 굽는다. 나중에 국물을 부어 한번 더 끓일 것이므로 바짝 굽지 않아도 된다.

데쳐 낸 느타리버섯을 결대로 찢어 갖은 양념을 넣어 잠깐 볶고 다른 버섯들도 볶아 둔다.

처녑은 소금과 참기름으로 밑간을 해서 밀가루와 달걀 옷을 입혀 프라이팬에 지져 낸다.

것이면 미리 불려서 물기를 짜고, 나무의 귀라고 풀이되는 목이버섯과 바위에 이끼처럼 자라나는 석이버섯 또한 물에 불렸다가 물기를 짜내고 저마다 다진 파와 마늘, 진간장, 깨소금, 참기름 들을 넣어 프라이팬에 슬쩍슬쩍 볶아 둔다. 간은 다른 건지나 마찬가지로 슴슴하게 한다.

등골과 처녑, 간으로는 전을 부쳐 쓰나 푸줏간에 등골과 간이 없기 쉬우니 처녑만을 써도 괜찮다. 처녑은 냄새가 나지 않도록 빨래하듯이 소금으로 문질러 가면서 여러 차례 씻어야 한다. 한 조각씩 도마에 펴 놓고 칼로 슬슬 다지고 가장자리를 빙 돌아가며 끝을 잘라 놓는다. 이는 처녑이 오징어처럼 열을 받으면 오그라드는 성질이 있어 반듯한 모양을 내려고 그렇게 한다. 소금과 참기름으로

기름기 없는 우둔살을 가늘게 채쳐서 소금을 비롯한 갖은 양념을 넣어 주물주물 무친다. 간장은 조금만 넣어 맛만 내도록 한다.

살코기는 조금 남겨서 완자를 빚는 데에 넣는다. 앵두알 만하게 동그랗게 빚어서 마찬가지로 밀가루와 달걀옷 입혀 프라이팬에서 지져 낸다.

미나리를 초대를 만든다. 곧 미나리 대공을 길이를 일정하게 잘라 꼬치에 가지런히 꿴다.

미나리 초대를 밀가루와 달걀 옷 입혀 프라이팬에 지진다. 달걀 옷이 익으면 그만 불에서 내린다.

밑간을 해서 프라이팬에 부쳐 낸다.

한편으로 쇠고기로 육회를 만들어 맛을 낸다. 기름기 없는 우둔살을 가늘게 채쳐서 소금을 비롯한 갖은 양념을 넣어 주물주물 무친다. 간장은 조금만 넣어 맛만 내도록 한다. 고기를 가늘게 모양나게 하려면 살짝 얼려서 썰면 된다.

살코기는 조금 남겨서 완자를 빚는 데에 넣는다. 고기를 곱게 다진 것에 두부를 으깨어 넣고 파와 마늘 다진 것과 갖은 양념을 넣어 고루 섞어 앵두알만하게 동그랗게 빚어서 마찬가지로 밀가루와 달걀 옷 입혀 프라이팬에서 슬쩍 지져 낸다.

미나리는 초대를 만들어 지진다. 예부터 미나리는 그 연두빛 고운 빛깔과 독특한 냄새로 말미암아 경사스러운 날에 먹는 음식이나 화려함을 내세우는 음식에 곧잘 고명으로 올라가던 채소라고 한다. 미나리 대공을 길이를 일정하게 잘라 꼬치에 가지런히 꿰어 전을 부치는데 미나리 전 모양이 반듯하라고 그렇게 하는 것이다.

그 밖의 재료들도 미리 정하게 다듬어 놓거나 준비해 둔다. 쑥갓은 짧게 잘라 놓고 달걀을 하나는 황백으로 갈라 지단을 부쳐 골패쪽으로 썰고 또 하나는 노른자가 가운데에 오도록 삶아 납작하게 썰어 놓는다. 모든 지단과 전은 골패쪽으로 가로 삼 센티미터, 세로 사 센티미터쯤의 크기로 썰어 둔다. 국수는 끓는 물을 넉넉하게 부어 삶아서 찬물에 헹궈 소쿠리에 건져 둔다.

건지들이 모두 준비되거든 한켠에서는 육수를 덥히고 다른 켠에서는 냄비에 건지들을 담기 시작한다. 도미를 가운데에 놓고 국수와 쑥갓, 육회를 아래쪽에, 그 밖의 건지들은 위쪽에 적당히 빛깔 맞추어 놓는다. 펄펄 끓은 육수를 붓고서 냄비째로 충분히 끓여야 도미 대가리와 뼈에서 맛이 우러나와 국물맛이 한결 좋아진다. 그러나 쑥갓과 국수는 너무 오래 끓이면 쑥갓 빛깔과 향이 달아나거나 국수 발이 풀어지므로 나중에 먹기 전에 넣는다.

도미국수는 조리 방법이나 드는 재료를 보다라도 상류층 음식임을 알 수 있다. 지금이나 마찬가지로 옛날에도 도미가 귀한 생선이어서 명절이나 제사 때에나 상에 올랐다고 한다. 그러므로 서민들은 평소에 도미국수는 먹어 볼 꿈도 못 꾸다가 무슨 날이 되면 상에 오른 생선 전유어를 넣어 끓인 고깃국에 밥 말아 먹는 것으로 만족했겠다.

하기야 이처럼 손이 많이 가는 음식을 요즈음에 바삐 사는 현대인들이 언제 해먹어 보겠나 싶기도 하다. 그래서도 건지 하나하나에 잔 정성과 힘이 드는 도미국수가 더더욱 귀하게 느껴지니, 자주는 아니더라도 도미가 제맛을 지니는 사월에 한번쯤은 모처럼 큰마음 먹고 끓여 먹어 보아도 좋겠다.

굴비 찌개

　기운이 없고 입안이 깔깔하여 진수성찬을 앞에 두고도 통 밥맛이 없기 쉬운 봄철에 짧은 입맛을 되살리기에 딱 좋은 음식이 있으니 곧 봄에 갓 캐내어 무친 나물찬과 그 나물 넣어 제철 맞은 조기 또는 굴비로 끓인 찌개가 그것이다.

　조기는 예부터 관혼상제 때에 반드시 상에 오르는 생선으로 몸에 고급 기름을 지니고 있어 국을 끓여 먹어도 맛깔스럽고 그대로 소금 뿌려 구워 먹어도 또한 좋다. 또 흰죽에 살을 다져 넣어 끓인 조기죽은 맛이 부드러우면서도 영양가가 높아서 노인이나 아이들이 먹기에 알맞다. 한편으로 사월 말쯤이면 전라남도 영광에서는 바다에서 막 건진 싱싱한 조기로 굴비를 담기 시작할 터이다.

　석수어라고도 부르는 조기는 그 종류가 크게 다섯 가지인 생선으로 저마다 맛이나 쓰임새가 조금씩 다르니 굴비를 만드는 데는 조기 중에 맛이 으뜸인 참조기가 좋다. 참조기는 제주도 남서쪽 및 중국 상해 동남쪽 근해에서 겨울을 나고 이월쯤에 알을 낳기 위해 서해안을 따라 천천히 북상을 한다. 삼월 초순이면 전라남도 위도의 칠산 앞바다에 이르고 사월, 철쭉꽃이 만발할 즈음에 알을 낳고 잇달아

굴비 찌개. 삼월 말에 알을 통통히 밴 조기로 만든 굴비 찌개는 입안이 깔깔하여 밥맛이 없는 봄에 끓여 봄직한 음식이다.

북쪽으로 올라간다. 그러므로 이때쯤에 알을 통통히 밴 조기로 만든 "오사리" 굴비가 가장 맛이 좋다.

굴비는 그냥 쭉쭉 찢어서 먹기도 하고, 구워서 상치쌈을 싸 먹기도 한다. 또 옛날 같으면 밥을 지을 때에 댓조각으로 엮어 만든 겅그레나 새끼를 엮어 만든 시룻밑에 얹어 간장 양념을 하여 쪄서 먹기도 했다. 그 중에서 햇고사리 넣어 끓인 찌개 맛은 여느 생선이 따라갈 수 없을 만큼 개운하다.

굴비 찌개 맛있게 끓이는 법을 알아 보자.

찌개를 끓이려면 굴비가 한 마리, 쇠고기 등심으로 백 그램, 햇고사리와 쑥갓이 조금, 풋마늘 두대, 달걀 두세알, 빨간 고추와 풋고추

게감정

게, 특히 꽃게―전라도 지방 이름으로는 뿔게―로 해먹을 수 있는 음식은 아주 다양하다. 장이나 젓갈을 담그기도 하고, 찌개, 찜, 매운탕을 끓이기도 한다. 게는 단백질이 아주 풍부한 데다가 여러 아미노산이 들어 있는데 특히 필수 아미노산이 많아 한창 클 나이인 아이들에게 매우 좋은 식품이다. 또 지방이 적게 들어 있고 맛이 담백하고 부드러워 환자나 노인들이 먹기에도 좋다. 감정은 고추장찌개를 궁중에서 달리 부르는 말이지만 게 찌개와 달리 게전을 부쳐 국물 잡아 끓이는 것으로 잔손질이 많이 가는 음식이다.

게감정을 한 냄비 끓이려면 국물 맛을 낼 쇠고기 조금과 무가 들고, 게 딱지를 채울 소로 쇠고기 살코기와 숙주 나물, 두부, 파, 마늘, 생강 들이 든다. 게감정은 이렇게 만든다.

꽃게는 산란기 직전인 사월에서 유월 사이에 잡은 암놈이 살이 단단하고 알이 꽉 차 맛이 가장 좋다. 배를 보아 갑옷처럼 무늬가 진 가운데 배딱지가 둥그스름한 것이 암놈이고, 뾰족한 것이 살이 변변찮은 숫놈이다.(산란기가 지나서 알이 빠져 버린 것이면 차라리 숫놈이 맛이 낫다고 한다.) 겉껍질의 짙푸른 검정색이 선명하고

게 딱지 속을 채우려고 곱게 다지고, 잘게 썬 재료들.

게감정을 끓이는 데 쓰이는 재료들. 국물 맛을 내는 데에 쇠고기 조금과 무가 들고, 소를 만드는 데에 쇠고기 살코기와 숙주 나물, 두부, 파, 마늘, 생강 들이 든다.

윤기가 나며 다리가 제대로 잘 붙어 있어야 싱싱한 것이다.

먼저 꽃게를 솔로 깨끗이 씻어 다리를 모두 잘라낸다. 특히 다리 사리에 해감이 많으므로 솔로 낱낱이 씻어 내야 한다. 배딱지를 열고 그 틈새로 엄지손가락을 넣어 한 손으로 당기면 껍질이 딱 벌어진다. 껍질이 말끔히 떨어져야 싱싱한 것이니, 검은 내장물이 흐르면 상한 것이므로 내장을-또는 통째로-버리는 것이 좋다. 그 다음에 모래주머니를 제거하고 속을 긁어 모아 도마에서 다진다.

그리고 육수를 만들어 둔다. 냄비에 물을 적당히 붓고(찌개보다 조금 적다 싶게 물을 붓는다.) 아까 잘라낸 게다리와 나박나박 썬 무를 넣어 끓인다. 이때에 맛이 더 좋으라고 양지머리 쇠고기 를 납작납작하게 썰어 조금 넣기도 한다. 그런데 게다리 살마저 긁어 소에 넣었으면 쌀뜨물을 받아 육수로 삼는다.

육수가 끓는 동안에 딱지를 채울 소를 준비한다. 소를 만드는 방법은 만두 소 만드는 것과 거의 같다. 곧 쇠고기를 곱게 다지고, 숙주 나물을 끓는 물에 살짝 데쳐 물기를 꼭 짜내어 잘게 썰고, 두부 를 도마 위에 놓고 칼날로 또한 곱게 다진다. 이것들과 아까 발라내

꽃게를 솔로 깨끗이 씻어 다리를 모두 잘라낸다. 배딱지를 열고 그 틈새로 모래주머니를 제거하고 알을 포함하여 살을 다 긁어 모아 도마 위에 놓고 살살 다진다.

먼저 육수를 만들어 둔다. 냄비에 찌개보다 조금 적다 싶게 물을 붓고 잘라낸 게 다리와 나박나박 썬 무를 양지머리 쇠고기와 함께 넣고 무가 폭 무를 때까지 끓인다.

이제 딱지 속에 담을 소를 준비한다. 소는 만두 소와 재료나 만드는 방법이 거의 같으니 살코기와 숙주 나물, 두부 등과 다져 둔 게살을 섞고 간은 소금으로 맞추고, 갖은 양념으로 맛을 돋운다.

물기를 닦아 낸 게 딱지 안쪽에 밀가루를 한켜 바르고 소를 꼭꼭 눌러 가득 채워 담는다.

그 위에 다시 밀가루를 솔솔 뿌리고 소를 채운 면만 달걀옷을 입혀 프라이팬에 살짝 지진다

미리 끓여 둔 육수에 된장과 고추장을 일대 삼의 비율로 섞어 풀고 게전을 넣어 끓인다. 게 껍질이 붉게 변하면 다 익은 것이니 파를 조금 넣고 잠깐 끓이다가 불에서 내린다.

게감정. 감정은 고추장찌개를 궁중에서 달리 부르는 말이나 게 찌개와는 달리 게전을 부쳐 국물 잡아 끓이는 것으로 잔손질이 많이 드는 음식이다.

어 다져 둔 게살을 한 데 넣어 쫑쫑 썬 파와 다진 마늘과 생강을 넣어 버무린다. 간은 소금으로 맞추고 깨소금과 참기름과 후춧가루를 조금씩 넣어 맛을 돋운다.

　그런 다음에 깨끗이 씻어 물기를 닦은 게 딱지 안쪽에 밀가루를 한켜 바르고 소를 꼭꼭 눌러 가득 채워 담는다. 그 위에 다시 밀가루를 솔솔 뿌리고 달걀옷을 입혀 프라이팬에 지지되 나무 주걱으로 딱지 양끝을 눌러 가며 달걀옷을 입힌 쪽이 노릇노릇해지도록 잠깐 지져 낸다. 곧 게전을 부치는 것이다. 그런데 소를 가득 채운 게 딱지를 밀가루나 달걀옷을 씌우지 않은 채로 찜통에 찌면 그것이 바로 게찜이 된다.

무가 푹 무르면 게 다리를 그만 건져 내고 육수에 된장과 고추장을 일대 삼의 비율로 섞어 풀어 한번 더 끓인다. 팔팔 끓으면 겉만 지진 게 딱지를 넣고 끓이다가 파를 조금 넣는다. 게 껍질이 붉게 변하면 다 익은 것이다.

게감정은 국물 맛은 게 찌개와 그리 다르지 않으니 얼큰하면서도 시원하여서 봄철에 깔깔한 입맛을 돋우기에 그만이다. 게다가 속을 가득 채운 딱지를 숟가락으로 한입한입 떠먹기가 고소한 맛과 아울러 먹는 재미를 준다.

내친김에 꽃게로 장 담그는 법을 마저 알아보자. 참게장이 가을에 장이 꽉 찼을 때에 담그는 것이라면, 꽃게장은 봄에 알이나 장이 가득 들어 있는 묵직한 암케로 담그는 것이다. 먼저 게를 먹기 좋은 크기로 토막내어 간장을 뿌려 재워 둔다. 게에 간이 얼마쯤 배거든 게를 건져 고춧가루에 다진 파와 마늘, 생강, 깨소금, 참기름을 섞은 진득한 양념장에 게를 넣어 무친다. 이때에 미나리나 참기름이 게가 품고 있을지도 모를 독을 없애 주는 구실을 한다고 하니 같이 넣는 것이 좋다. 이 꽃게장은 오래 두고 먹을 수가 없으니 무친 다음 곧바로 먹도록 한다. 또 간장만으로 담그기도 하는데 이때에는 진간장과 조선간장을 반반으로 섞어 쓰고 마른 통고추와 생강을 같이 넣는다. 게를 재운 간장을 따라 끓여서 식힌 뒤에 다시 붓기를 두세번 되풀이한다. 이것 또한 살이 많은 것이니 그리 오래 둘 수가 없다.

한편으로 소금게장이라는 것이 있다. 꽃게가 잠길 만큼 물을 부었다가—이는 물의 양을 가늠하려고 그런다.—다시 따라 여기에 소금을 지나치다 싶을 만큼 탄다.(여름철에 담그려면 겨울철보다 더 짜게 넣는다.) 소금물에서 꽃게를 하룻밤 재웠다가 그 물을 따라 팔팔 끓여 식혀서 다시 붓기를 한번 더 하면 된다. 뜻밖에도 비린 맛이 없을 뿐더러 맛이 담백하고 고소해서 뜨거운 밥 한그릇을 어느새 비운다.

물김치

　전라북도 전주에 사는 박점례 노인이 담가 먹는 물김치에는 김치 재료치고 참으로 화려한 재료들이 들어간다.

　우선, 무 굵기가 어른 팔뚝만한 것 두개, 배추 큰 것으로 한통, 마늘 한통, 쪽파, 부추, 미나리 한단씩, 오이 두개, 당근 두개, 석이버섯 조금, 그리고 여느 때에 김치 담글 때에 보기 드문 것으로 밤, 잣, 은행, 사과, 배 같은 가을 과실들과 통깨가 있었다. 그 밖에도 얼핏 눈에 뜨이진 않았지만, 한옆에 밀가루 조금과 소금과 가자미 젓이 있었다.

　이제 이 노인이 김치를 담그는 모습을 지켜보자.

　무는 전주 근처의 산에서 "저절로"－비닐 하우스에서 농약 먹고 자라지 않고－자라는 무가 달고 맛이 좋다고 한다. 그런 무가 없으면 너무 크지 않고 몸매가 곱고 단단한 놈으로 한다. 물김치는 뭐니뭐니 해도 좋은 재료들을 넉넉히 써야 맛이 좋은데, 특히 무가 더 중요하다. 그것들을 두께가 1.5 센티미터쯤 되도록 도막내어서 다시 그것을 반으로 자르고 이 밀리미터 쯤 되게 얇게 썬다. 곧, 흔히 나박 김치를 담글 때처럼 썰어 소금에 절인다.

배춧잎을 펼쳐 화려한 속이 드러나게 한 물김치

배추는 이렇게 절인다. 이파리가 넓은 배춧잎들은 한장씩 떼어 따로 소금에 살짝 절여 두고, 고갱이는 무와 엇비슷한 크기로 썰어 무와 함께 절여 둔다.

그처럼 절여 둔 동안에 다른 재료들을 만진다.

우선 밤을 곱게 채친다. 가을에 햇밤이 나온 다음부터 봄 사이에 는 쓸 때마다 밤을 깎아 채치지만, 봄이 지나면 너무 말라 버리므로 봄부터 다시 햇밤 나올 때까지 쓸 것을 한꺼번에 채쳐 말려 두었다 가 필요할 때마다 꺼내 쓴다.

쪽파, 부추, 미나리는 저마다 깨끗이 씻고 다듬어 삼 센티미터쯤

사과, 배, 은행, 잣, 밤 같은 가을 과일을 포함한 물김치 담그는 데에 필요한 재료들.
종류가 많아 모아 놓으니 무척 화려해 보인다.

되는 길이로 썬다.

　그리고 배는 껍질을 벗기고, 사과는 그대로—껍질 얇은 햇사과를
깨끗이 씻어서—무와 같은 크기로 썰고, 오이도 도막내서 그처럼
썬다. 당근은 모양내어 꽃처럼 썰고 붉은 고추, 풋고추도 가운데를
쪼개어 씨를 발려내고 큼직큼직하게 썬다. 그리고 마늘을 반은 얇게
썰고 반은 곱게 다진다.

　그러는 동안에 무와 배추가 숨이 죽었으면 소쿠리에 건져 내어
물기를 뺀다. 거기에다가 손질해 둔 재료들을 쏟아 붓고, 통깨와
잣을 넣고 한꺼번에 버무린다. 이것에 간은 가자미젓국으로만 한

면 그냥 깨끗이 닦아 껍질까지 자근자근 다진다. 해삼은 살 때에 말려 물에 불린 물해삼을 사야 씻어 두어도 괜찮으나 바닷물에 담아 파는 생해삼을 구했을 경우에는 미리 닦아 그냥 두면 물에 녹아 형체조차 없어지니, 쓰기 바로 전에 닦든가, 아니면 닦아서 소금을 뿌려 놓아야 한다. 아무튼 해삼도 같은 크기로 썰고 전복은 닦아서 얇게 저민다.

대충 이런저런 준비가 되면 잘 골라서 속이 단단한 무를 여느 깍두기를 담글 때와 마찬가지로 어른 엄지손가락 한 마디만한 크기 로 반듯반듯하게 썬다. 그때에 가장자리에서 잘려나온 지스러기는 따로 모아 두었다가 찌개거리 같은 것으로 쓴다. 배 두개도 껍질을 벗겨내고 무와 같은 모양으로 썬다.

이렇게 썬 무와 배에다가 고운 고춧가루를 한사발쯤 넣고 버무려 서 빨갛게 물을 들인다. 고춧가루 물이 웬만큼 곱게 들면 소금을 뿌려 절인다. 소금을 미리 뿌려 무에 간이 들면 빛깔이 곱게 먹지 않기 때문에 이처럼 소금을 나중에 뿌리는 것이다.

고춧가루로 버무려 놓아 무에 물이 들 동안에 다른 재료들도 손을 보아 둔다. 배추도 겉의 퍼렇고 억센 줄기는 삶아서 우거지국 이라도 끓여 먹으면 맛이 좋으니 옆에 따로 떼어 두고 여리고 노랗 고 날로 먹어도 고소한 속줄기만 무 크기만하게 작게 썰어 고춧가루 로 범벅을 시켜 놓은 무에 넣어 섞는다.

표고버섯은 소금을 조금 넣은 따뜻한 물에 넣어 불려 가장자리는 도려내고 이것 또한 무 모양으로 네모반듯하게 썰어 둔다. 한편 석이버섯은 더운 물에 불려 손가락으로 하나하나 싹싹 문질러 석이 버섯 안쪽에 누렇게 때처럼 붙어 있는 것을 떼어낸다. 그래야 석이 버섯 바깥쪽의 까만 빛깔과 안쪽의 하얀 빛깔이 산다. 깨끗이 닦아 꼭 짜서 물기를 뺀 석이버섯은 곱게 채치고 밤은 얇게 썰어 둔다.

미나리, 갓, 실파도 정히 씻어 이 센티미터쯤 되는 길이로 저마다

무는 말할 나위도 없고 배추, 미나리를 비롯한 여러 가지 채소와 배, 밤, 잣 따위도 감동젓무의 재료로 들어간다.

썬다. 파로는 실파만 쓰지 나중에 넣는 양념으로라도 굵은파는 쓰지 않는다. 깍두기를 담글 때에 굵은파를 쓰면 나중에 국물이 걸어지고 끈적끈적해지기가 쉽기 때문이다.

이처럼 준비가 다 되었으면 무에다가 여태까지 손질한 것들 —표고버섯, 석이버섯, 미나리, 갓, 실파와 잣, 밤 그리고 굴, 낙지, 새우, 해삼, 전복 들—을 쏟아 넣고 곤쟁이젓으로 간하고 곱게 다진 마늘과 생강을 넣고 버무린다. 이것은 버무려서 바로 먹어도 좋고 며칠 익혀서 먹어도 좋은데 해산물이 많이 들어가는 만큼 그 맛이 비릿해서 비린 것을 싫어하는 이는 아마 젓가락이 선뜻 가기가 좀 어려울 성싶기도 하지만 좋아하는 이는 보기만 해도 군침이 돈다.

반듯반듯하게 같은 크기로 썬 무와 배를 고운 고춧가루로 빨갛게 물들인다. 빨간빛이 웬만큼 든 다음에 소금으로 절인다.

파, 미나리, 갓 들은 깨끗하게 씻어서 같은 길이로 썬다. 파는 가는 것만 쓰지 굵은 것은 쓰지 않는다.

표고버섯도 가장자리는 도려내고 무와 같은 모양과 크기로 썬다. 해산물들은 미리 썰어 두기도 하지만, 채소를 썰 때에 썰기도 한다.

무가 알맞게 절고 다른 재료가 다 준비되었으면, 모두 함께 넣고 감동젓으로 간을 하여 버무린다.

골고루 잘 버무려진 감동젓무는 바로 먹어도 좋고, 이레쯤 지나서 익은 다음에 먹어도 좋다.

감동젓무는 새우, 낙지, 굴, 해삼, 전복 같은 여러 가지 해산물을 넣어 맛을 더해 준다.(왼쪽)

감동젓무 73

이 감동젓무말고도 봄에 즐겨 담가 먹는 햇김치로 얼갈이김치가 있다. 얼갈이김치는 고춧가루로 버무려서 담그는 김치가 아닌 물김치인데, 거기에는 풋배추, 풋열무, 고추, 오이, 마늘, 실파 그리고 소금, 꿀(또는 설탕), 생강 들이 들어간다. 그런데 흔히 김치를 담글 때에는 배추나 열무에 먼저 소금을 뿌려 절여 놓고 딴 재료들을 손질하지만, 얼갈이 김치를 담글 때에는 김치 국물을 먼저 만든다.

김치 국물은 찹쌀가루나 밀가루 두어 숟갈로 풀을 쑤어서 쓰거나 감자를 세개쯤 잘게 썰어 푹 삶아 체에 걸러 내린 걸쭉한 물을 쓰는데 이것이 더 달다. 거기에다가 소금을 한 숟갈 반쯤 넣고 꿀(또는 설탕)도 조금 쳐서 입맛에 맞게 간을 한다. 그리고 파, 마늘도 곱게 다져 넣고, 생강도 얇게 저며 넣는다. 또 말리지 않은 빨간 고추와 파란 고추를 서너개쯤씩 예쁘고 가늘게 썰어 넣고 오이는 두개쯤 속의 씨는 발라내고—오이를 그대로 쓰면 김치가 빨리 시어진다.—반듯하게 썰어 넣는다.

이렇게 준비가 되면, 배추와 열무를 흐르는 물에 서너번 씻어서 길게 썰어 소금물을 타서 부어 살짝 절인다. 봄에 나오는 풋배추와 풋열무는 손을 많이 대면 풋내가 심하게 나므로 될 수 있는 대로 손을 대지 않고 손질을 한다. 그래서 소금을 쳐서 절이면 배추를 뒤적일 때에 손을 많이 타기 때문에 이처럼 소금물로 씻듯이 절이는 것이다.

살짝 절여지면 그 소금물은 체로 밭혀 몽땅 빼버리고 미리 준비해 둔 김치 국물에다 이것들을 쏟아 넣는데 그것이 얼갈이김치이다. 며칠이 지나서 알맞게 익으면 그 맛이 달고 상큼한 데서 봄내가 흠씬 난다.

박속

　얼마 전까지만 해도 거의 모든 시골에는 추수가 얼추 끝나가고 첫서리가 내릴 즈음이면 초가 지붕이나 담장 위에 크고 작은 박이 열려 있었다. 그것들을 홍보처럼 따 내려, 덜 쇤 애박이면 박나물을 해먹기도 하고 국을 끓여 먹기도 했고, 잘 쇠었으면 역시 홍보처럼 반으로 타서 삶아 껍질을 말려 바가지로 썼다.

　박을 타서 삶아 바가지를 만들려면 그 속살을 긁어내야 한다. 그 속살을 버리지 않고 된장, 고추장을 비롯하여 갖은 양념을 넣어 무쳐 먹었는데 이를 "박속"이라고 한다.

　박속은 이렇게 만든다. 먼저 잘 쇤 박을 골라 톱으로 반을 탄다. 박이 잘 쇠었는지를 알려면, 박 줄기가 달린 반대쪽 곧 땅을 향하고 있는 박의 배꼽을 바늘로 찔러 보면 된다. 이때에 바늘이 들어가지 않는 것이 잘 쇤 박이다. 박속을 할 수 있는 박은 박나물을 해먹는 애박과는 달리 완전히 익어야 할 뿐더러 클수록 좋다. 그렇다고 해서 마냥 익기를 기다리다 너무 늦게 타면 속이 휑하니 속살까지 말라 버려 먹을 것이 없으니 덩굴에 싱싱한 기운이 남아 있을 때에 타야 한다.

우리 조상들은 음식 한 가지를 상에 올릴 때도 아무 그릇에 담지 않고 철에 따라 격식에 맞는 그릇을 썼다. 우리 밥상에서 거의 사라졌다가 요즈음 들어 찾는 사람이 늘고 있는 놋그릇에 담아 놓은 박속 한 그릇이 향수를 불러일으킨다.

잘 쇤 박을 반으로 타면 가운데에 복숭아씨 모양의 박씨 덩어리가 뽀얀 젖빛의 속살과 떨어져 동그마니 앉아 있다. 이 덩어리는 뾰족한 양 끝이 한쪽은 박의 배꼽 쪽에 또 한쪽은 줄기가 붙어 있던 쪽에 붙어 있으며 그 안에 노란 박씨들이 동그라미를 그리며 빼곡히 박혀 있다. 뾰족한 양 끝을 손가락으로 살짝 끊어 박씨 덩어리를 들어내면, 바가지로 쓸 박 껍데기와 그 안에 붙어 있는 손가락 한두 마디쯤 두께의 속살만 남는데 이것이 바로 박속의 소재이다.

반으로 쪼개진 박들을 큰 솥에 얼기설기 엎어서 넣고 그것들이 잠길 만큼 물을 붓고 불을 당긴다. 물이 끓기 시작하면 불을 줄이고 두어 시간 뭉긋하게 뜸을 들인다. 잘 쇠고 잘 삶긴 박은 연한 초록빛을 띠었던 겉의 빛깔이 부드럽고 옅은 황토빛을 띠고, 박속을 해먹을 뽀얀 젖빛의 속살은 물을 한껏 머금어 들여다보일 듯한 것이 꼭 메밀묵을 닮는다. 한편으로 박을 삶은 물은, 과학적으로 증명된

바는 없지만, 옛날부터 풍에 좋다고 하여 약으로 쓰이기도 한다.

삶긴 박을 조금 식힌 뒤에 끝이 달아 뭉툭한 나무 주걱이나 접시 같은 것으로 속살을 긁어내어 바구니에 담아 물을 뺀다. 이때에 잘 쉰 박의 속살은 깔쭉깔쭉하며 발이 길고 손끝에 쫄깃쫄깃한 기분이 느껴지지만, 그렇지 않은 박은 잘 긁히지도 않으며 긁힌다 해도 몽글몽글 덩어리져 잘라지고 힘이 없고 되다. 속살을 긁을 때에는 흔히 숟가락으로 긁기 쉬우나, 숟가락은 끝이 날카로워 찐 박을 바가지로 말렸을 때에 결결이 무늬지는 박눈을 다칠 염려가 있으니 끝이 뭉툭한 걸 써야 한다.

바구니에서 물이 웬만큼 빠지면 박속을 손으로 꼭 짠다. 옛말에 박속을 꼭 짜는 여자는 시납다 곧 얌전하다는 말이 있는데, 여느 나물이나 마찬가지겠으나 특히 박속은 자꾸 옆으로 미끄러져 나와 손으로 짜기가 쉽지 않다. 꼭 짠 박속을 소래기나 자배기처럼 아가리가 넓은 그릇에 담고 미리 준비해 놓은 양념을 넣고 무친다. 한 식구 네댓명이 한끼 반찬으로 하기에 충분한 농구공 크기만한 박 하나에 들어가는 양념으로 된장과 고추장을 밤톨 두세알 만큼씩, 참기름을 조금, 깨소금을 조금 넣고 그리고 파 두 뿌리와 마늘을 큰 것으로 골라 서너쪽을 다져 넣고, 풋고추와 말리지 않은 빨간 고추를 두어개씩 반으로 쪼개어 굵게 채쳐 넣어서 주무르는데, 특히 고추는 그 초록색과 빨간색으로 멋도 내고 맛도 돋구려고 넣는다. 그런데 경기도 지방에서는 딴 것은 다 마찬가지이나 된장을 넣지 않으며 입맛에 따라 식초를 쳐 먹기도 한다.

이렇게 해서 다 무친 박속은 그대로 그릇에 담아 상에 올리기도 하고, 따뜻하게 먹고 싶으면 살짝 중탕을 하기도 한다. 이렇게 무친 박속의 빛깔은 고추장의 붉은 기운이 돌기도 하고 된장의 누른빛이 돌기도 하여 시골의 가을 풍경을 떠올리게 한다. 그리고 그 맛도 씹는 감촉도 가을을 느끼게 한다.

잘 쉰 박을 반으로 타면 가운데에 노란 박씨들이
동그라미를 그리며 빼곡히 박힌 복숭아씨 모양의
박씨 덩어리가 동그마니 앉아 있다. 삶기 전에 이것
을 들어내어 잘 두었다가 다음해에 봄에 심으면
한해 내내 덩굴이 뻗고 꽃이 피고 열매 맺는 모습을
즐길 수 있다.

박이 다 삶아지면 조금 식힌 뒤에 나무 주걱이나 접시 같은 끝이 뭉툭한 것으로 속살을 긁어낸다.

긁어낸 속살은 바구니에 담아 물을 뺀다. 손으로 짤 때 좋으라고 물을 빼는 만큼 그리 오래 둘 필요는 없다.

바구니에서 물이 웬만큼 빠지면 손으로 꼭 짠다. 옛말에 박속을 잘 짜는 여자는 시납다 곧 얌전하다는 말이 있을 만큼 박속은 자꾸 옆으로 미끄러져 나와 손으로 짜기가 쉽지 않다.

꼭 짠 박속을 아가리가 넓은 그릇에 담고 미리 준비해 놓은 양념—된장, 고추장, 마늘, 풋고추, 빨간 고추들—을 넣는다.

양념을 다 넣으면 양념의 맛이 골고루 배도록 손으로 주물럭주물럭 무치는데 이때의 느낌은 보드랍고 매끄러운 뽀얀 풀주머니를 만질 때와 엇비슷하다.

미꾸라지국

가을은 보약을 먹는 계절이라고들 한다. 여름 더위에 지친 몸을 보해 주고 겨울 추위를 잘 이기라고 보약을 먹는 것일 것이다. 그러나 보약을 먹을 형편이 못 되는 우리 농부들은 예부터 보신 음식을 만들어 먹었으니 바로 추어탕—곧 미꾸라지국(서울 지방에서는 달리 조리하여 "추탕"이라고 했다. 추어탕이라는 말은 신식 용어임.)—이 그것이다.

여름내 논고랑에서 자란 미꾸라지(추어)는 노랗고 붉게 단풍이 들 무렵이면 살이 통통하게 오르고, 이제 겨울잠을 자려고 논바닥을 파고 들어간다. 그것을 쇠스랑으로 흙을 파헤치며 한 마리씩 잡아낸다. 요새는 농약 사용으로 논 미꾸라지가 거의 전멸하다시피 했으니 음식점에서 파는 추어탕은 거의가 양식 미꾸라지를 사용했다고 보아도 틀림이 없겠다. 그런데 시골에서 자라 나무며 풀이며 물고기의 이름과 모습, 생태를 꿰고 있다고 자부하는 이조차도 논 미꾸라지와 양식 미꾸라지는 전혀 구별할 길이 없다고 말할 만큼 생김새가 거의 똑같다. 다만 추어탕을 먹어 보고서 국물 맛이 좀더 담백하면 그것이 논 미꾸라지로 끓인 것임을 짐작할 뿐이라고 한다.

제대로 끓인 경상도식 미꾸라지국 한 그릇. 먹을 때에 저마다 입맛에 맞게 초핏가루를 쳐서 먹는다.

추어탕은 고장에 따라서 끓이는 방법이 조금씩 다르다. 여기서는 경상도식 추어탕을 중심으로 하여 추어탕 끓이는 법을 소개해 보겠다. 재료로는 미꾸라지와 잎이 연한 얼갈이 배추(시래기 대신으로 쓴다.), 고사리와 토란대, 숙주 나물, 표고버섯, 방앗잎, 마늘, 생강, 파, 풋고추, 붉은 고추 들이 쓰인다.

미꾸라지를, 사는 곳이 서울이라면 경동 시장이나 동대문 시장 같은 큰 시장에 가서, 살아 힘차게 움직이는 놈을 산다. 한 사람이 배불리 먹을 만큼 끓이려면 몸 길이가 어른 손 한뼘 만한 놈 스무 마리쯤이 들어가야 진국이 우러나온다고 한다. 민물고기인 미꾸라지는 수돗물 속에서도 한달은 너끈히 산다고 하니 무척이나 생명력이 강하고 기운 센 놈인 듯하다.

먼저 미꾸라지를 깨끗한 물에 하루를 둔다. 워낙 미꾸라지가 더러운 곳에서 사는 물고기인 만큼 몸 속에 들었을 흙과 그 밖의 더러운 먼지 따위를 토해 내게 하려고 그런다. 적어도 그렇게 반 나절이 지나면 미꾸라지를 소쿠리에 담아 놓고 굵은 소금을 뿌려 해감을 토해 내게 한다. 민물만 먹고 살던 물고기라서 짠 소금이 몸에 닿으면 마구 몸부림을 쳐서 밖으로 튀어나올 수도 있으니 덮개를 준비했다가 소금을 뿌리자 마자 얼른 덮는다. 한참 툭탁거리다가 얼추 조용해졌다 싶으면 덮개를 열고 꺼끌꺼끌한 호박잎으로 살살 문질러 미꾸라지 몸에 묻은 때를 벗겨낸다. 그러면 몸 빛깔이 누르스름해지고 배 쪽에 불긋불긋한 빛깔이 돋아 보기가 조금 흉칙해진다. 한번 더 소금을 뿌려 말끔히 해감을 시킨다.

누런 거품을 물고 있는 미꾸라지를 물로 깨끗이 씻는다. 굴 씻듯이 손으로 휘휘 저으면서 씻어 누런 거품과 때가 다 빠져나갈 때까지 물을 여러번 갈아 준다.

그런 다음에 펄펄 끓는 물에(찬물에 넣으면 비린내가 난다.) 깨끗이 씻은 미꾸라지를 집어넣고 후딱 뚜껑을 덮는다. 그렇게 소금칠을 하고 손으로 휘젓고 하였어도 미꾸라지는 아직 살아 있어서 끓는 물에서 펄쩍펄쩍 튀기도 해서 그런다. 한 시간 반에서 두 시간까지 뭉긋한 불에서 고되 눌어붙지 않도록 이따금 주걱으로 저어 준다.

살이 거의 뭉그러져 위에 노오란 기름이 뜬 진국을 발이 굵은 체에 밭혀 찬물을 부어 가며(국물이 너무 뻑뻑하여 잘 안 걸러지므로 찬물을 붓는 것이다.) 뼈를 걸러 낸다. 이때에 붓는 물의 양을 잘 맞추어야 국물 맛이 좋다. 일정한 공식은 없으나 다만 눈 대중과 오랜 경험으로 보아 미꾸라지 진국이 대접으로 하나쯤이면 찬물은 일인분짜리 뚝배기로 하나쯤 부으면 크게 실패하지는 않는다. 체에 남은 찌꺼기를 손으로 슬슬 비벼 살은 체 구멍으로 내보내고 녹지 않은 뼈를 건져 낸다. 어떤 이는 뼈가 영양의 진짜배기라고 여겨 뼈째 먹기도 한다. 이 국물을 다시 냄비에 부어 팔팔 끓인다.

미꾸라지를 고는 동안에 추어탕에 들어갈 다른 재료들을 다듬고 준비해 둔다. 지방에 따라 또 식성에 따라 추어탕에 넣는 부재료가 달라질 수 있으나 반드시 들어가는 것이 있으니 바로 시득시득 잘 마른 시래기이다. 추어탕 맛이 시원하기는 시래기에 달렸다는 말이 조금도 지나친 말이 아님은 시래기가 듬뿍 들어가야 진짜 추어탕이라고 믿는 사람들의 반응을 보아 알 수 있다. 그렇지만 요새 추어탕 집에서는 시래기가 아닌 날배추를 쓰는 수가 많다. 하기야 장사하는 집에서 어느 겨를에 그 많은 배춧잎(또는 무청)을 말려 쓸까 하고 봐줄 수도 있겠다. 그런데 식성에 따라 부러 그러는 이도 있다. 무슨 말인가 하면 시래기는 날것보다 섬유질이 많아서 더 질겨 씹기가 사납다고 여겨 부러 날것을 넣기도 한다는 말이다. 그런데 반드시 시래기를 넣어야 한다고 고집하는 이들은 바로 그 질깃질깃한 씹는 맛과 섬유질을 높이 쳐서 그런다. 미처 말린 시래기가 집에 없거든 잎이 연한 얼갈이 배추를 끓는 물에 삶아 넉넉히 넣는다.

슬쩍 삶은 배추를 먹기 좋은 크기로 썰어 물기를 꽉 짜내고 갖은 양념을 한다. 곧 집에서 담근 맛 좋은 된장과 찹쌀가루, 들깨가루, 고춧가루, 소금 들을 적당히 넣어 버무린 배추를 끓는 미꾸라지 물에 집어넣는다. 배추를 삶아서 하는 까닭은 날채소를 삶았을 때에 나는 풋내를 가시게 하려고 그런다.

한바탕 푸르르 끓거든 이어서 미리 데쳐 놓은 고사리와 토란대, 숙주 나물, 채 썬 표고버섯(싸리버섯이 나는 철이면 표고버섯 대신에 싸리버섯을 넣기도 한다.), 그리고 다진 마늘과 생강을 넉넉히 넣고 끓인다. 나물 맛이 우러나면 풋고추와 붉은 고추, 파를 큼직큼직하게 썰어 넣고 또 한바탕 끓인다. 옛날에는 마른 고춧가루를 쓰지 않고 붉은 고추를 날로 확독에 갈아 써서 얼큰한 맛을 더했다고 한다.

먼저 미꾸라지를 깨끗한 물에 반 나절 넘게 두었다가 소쿠리에 건져 굵은 소금을 부려 해감을 토해 내게 한다.

호박잎으로 미꾸라지 몸을 살살 문질러 때를 벗겨 낸 다음에 물로 여러번 씻는다.

펄펄 끓는 물에 깨끗이 씻은 미꾸라지를 넣고 한 시간 반에서 두 시간까지 뭉긋한 불에서 고되 눌어붙지 않도록 이따금 주걱으로 저어 준다.

이 진국을 발이 굵은 체에 밭혀 찬물을 부어 가며 뼈를 걸러 낸다. 체에 남은 찌꺼기를 손으로 슬슬 비벼 살을 체 구멍으로 내보내고 녹지 않은 뼈를 건져 낸다.

미꾸라지를 고는 동안에 추어탕에 넣을 다른 재료들을 다듬어 둔다. 배추를 끓는 물에 슬쩍 데쳐 날채소에서 나는 풋내를 가시게 한다. 고사리와 토란대, 숙주 나물도 데쳐 둔다.

배추를 물기를 꽉 짜내고 갖은 양념을 넣는다.

미꾸라지국에 넣는 부재료들. 잎이 연한 얼갈이 배추(시래기 대신으로 쓴다.) 삶은 고사리와 토란대와 숙주 나물, 표고버섯, 방앗잎, 마늘, 생강, 파, 풋고추, 붉은 고추들이 쓰인다.

양념을 넣고 조물조물 버무린다.

미꾸라지 국물을 끓이다가 양념한 배추, 토란대, 숙주 나물, 고사리, 표고버섯, 마늘, 생강 등을 넣어 끓인다. 나물 맛이 우러나면 풋고추와 붉은 고추를 넣고 불을 끄고 방앗잎을 넣는다.

불을 끄고 방앗잎을 넣어 독특한 향취를 돋우고 상에 올릴 때에는 저마다 입맛대로 스스로 넣어 먹으라고 쫑쫑 썬 파와 풋고추 그리고 반드시 "초핏가루"를 곁들인다.

그런데 이 향신료를 초핏가루라는 제이름으로 부르는 이는 거의 없다. 사투리인 제피가루라고 부르거나 더러는 산초가루라고 잘못 알고 있기까지 하다. 산초와 초피는 얼핏 보면 잎과 열매의 생김새가 서로 비슷하게 보인다. 그러나 산초와 초피는 엄연히 다르다.

식물학자 이창복 씨가 펴낸 「대한 식물 도감」에 따르면 산초와 초피는 우선 이렇게 다르다. 곧 지방에 따라 제피 또는 좀피, 쟁피라고 부르기도 하는 초피는 연한 황록색 꽃이 오뉴월에 피며, 구월에 익는 열매는 적갈색이 난다. 맵싸한 맛과 향이 나는 어린잎을 장떡을 부치거나 나물을 무쳐 먹기도 한다. 또 씨앗을 싸고 있는 껍질을 빻은 가루는 후춧가루가 들어오기 전까지 으뜸가는 향신료로 쓰였다. 그래서인지 몰라도 특히 전라도 사람들 중에는 김치를 담글 때에 이 초핏가루를 넣는 이도 있다. 한편으로 나무껍질을 빻아 물고기를 잡는 데에 쓰기도 한다. 그러니까 나무를 통째로 삶아 껍질을 벗긴 다음에 잘 말려서 꽁꽁 찧어 낸 가루를 깨 볶듯이 볶으면 고소하면서도 매운 냄새가 난다. 이 가루를 물고기가 있음 직한 곳에 뿌려 물고기를 "기절"시켜 잡는 것이다. 사람이 먹어도 좋은 가루인 만큼 물고기가 기절하거나 죽더라도 사람이 먹기에 전혀 해가 되지 않는다고 한다.

그런가 하면 산초나무는 구월에 연한 녹색의 꽃이 피고 잎과 꽃은 향기가 없다. 열매 표피는 녹갈색이나 익어가면서 누렇게 변하고 씨앗은 까맣다. 그러니까 씨앗만 보자면 초피나무와 거의 비슷하다. 다만 맵싸하지만은 않고 쓴내 비슷한 한약 냄새가 나는 것이 다르다. 열매로 장아찌를 담가 먹기도 하고 기름을 짜서 한방 약재로 사용하기도 한다.

초핏가루는 된장으로 눅었을 추어탕의 비릿한 맛과 냄새를 없애 주는 구실을 한다. 그래서 미꾸라지 생김새를 징그럽다고 여겨 아예 쳐다볼 생각조차 안하는 비위 약한 사람들에게도 추어탕 먹기 전에 지녔던 선입견과는 달리 전혀 비릿하지도 않고 느끼하지도 않다. 오히려 갖가지 채소를 고루 집어넣어 국물 맛이 한층 더 시원하고 얼큰하기까지 하다.

그런데 이 추어탕은 앞에서 말했듯이 경상도 땅에서 하는 방법대로 끓인 것이다. 전라도식 추어탕은 경상도식과 거의 비슷하여 미꾸라지를 푹 삶아 체에 밭혀서 "실가리" 곧 시래기를 넣고 된장과 들깨즙을 풀어 걸쭉하게 끓여 초핏가루를 넣어 톡 쏘는 맛을 준다. 그런가 하면 글머리에서 말한 서울식 "추탕"은 경상도나 전라도 땅에서 끓이는 추어탕과는 딴판이다. 무엇보다도 미꾸라지를 푹 고아 체에 거르지 않고 통째로 쓴다. 곧 푹 곤 곱창 국물에 두부, 버섯, 호박, 양파, 파 들을 넣고 한바탕 끓이다가 고춧가루를 풀어 얼큰한 맛을 돋우고 다진 생강과 마늘로 양념을 한다. 한소끔 끓으면 밀가루를 풀어 걸쭉하게 만들고 미리 삶아 건져 둔 미꾸라지를 넣어 끓인다. 그래서 서울식 추어탕은 국물에 미꾸라지가 생김새 그대로 드러나 징그럽다고 안 먹는 이들이 있는 반면에 칼슘을 충분히 섭취할 수 있어 더 좋아하는 이들도 있다.

또 반드시 경상도, 전라도, 서울식으로 구분지어지지는 않으나, 추어탕의 기본 국물로 미꾸라지만이 아닌 소의 사골 또는 곱창을 고아 내기도 한다. 또 미꾸라지에서 흙내와 비린내를 없애려고 미꾸라지를 된장을 푼 물에 삶는 수도 있다. 이 또한 사람들의 입맛에 따라 평가를 달리할 수 있으니 진하고 걸진 맛을 맛있다고 여기는 이라면 곱창이나 사골을 우려낸 국물을 좋아할 것이고, 개운한 맛을 즐기는 이라면 미꾸라지만을 곤 국물로 끓인 추어탕을 좋아할 터이니 말이다.

손두부

서울 성북동 산밑의 한 한옥에 사는 강숙자 씨가 만드는 것들은 이른바 "요리"라고 이름 붙일 수 있는 것들은 아니다. 시장이나 슈퍼마켓에 가면 공산품으로 쏟아져 나와 몇푼 안 주어도 얼마든지 살 수 있는 것들이다. 곧, 도토리묵, 청포묵, 두부 같은 것들.

그 중에서 식물성 고기라는 별명이 붙은 두부 만들기를 소개할까 한다.

싸전에 가면 콩을 살 수 있다. 콩도 종류가 여럿이나 그 중에서 흰콩—메주콩 또는 두부콩이라고도 부른다.—을 산다. 그 콩으로 두부를 이렇게 만든다.

콩 한홉을 물에 불린다. 여름에는 일고여덟 시간, 겨울이면 꼬박 하루를 불려야 한다. 그러니 가을 날씨에서라면 다음날 저녁에 먹을 것을 그 전날 잠자리에 들기 전부터 준비해야 하는 셈이다. 콩이 불면 본디 크기의 갑절이 넘으니 큰 그릇에 물을 넉넉히 붓고 하룻밤을 재운다.

콩이 다 불었다 싶으면 일일이 껍질을 벗긴다. 그렇다고 하여 알갱이 콩을 하나하나 낱낱이 벗기는 것이 아니라 손가락으로 비비

두부를 너무 짜면 퍼석퍼석해지니
알맞게 말랑말랑할 때까지 눌러 두
어 만들어낸 손두부이다.

간수는 소금이 공기 가운데의 습기를 빨아들여 녹아 나는 짜고 쓴 노리끼리한 액체이다.

기만 하면 쉽게 껍질이 벗겨지니 물에 담가 놓은 채로 땅콩 껍질 벗기듯이 하면 된다. 껍질은 물에 뜨니 흘려 버리고 콩 알맹이만 남긴다. 두부만을 먹자 하면 껍질을 벗길 필요가 실은 없다. 그러나 일석이조라고 했듯이 두부 만드는 김에 그 남는 찌꺼기인 비지로 찌개를 끓여 먹자 하니 그러는 것이다.

그것을 믹서로 곱게 간다. 믹서가 없었던 시절에는 맷돌에다 갈던 과정이다. 불은 콩을 한꺼번에 다 갈기는 어려울 터이니 서너 차례로 나누어 물을 콩이 넉넉하게 잠길 만큼 붓고 간다.

갈린 콩을 자루—자루는 촘촘한 베로 만든 것이 가장 좋고 그것이 없으면 무명 같은 것으로 만들기도 한다.—에 붓고 큰 양푼에 놓고 박박 문대긴다. 그리하면 콩에서 젖빛 물이 난다. 그리고 자루 속에 남는 찌꺼기가 비지인 것이다. 비지를 먹을 양이면 콩의 진액을 다 빼지 않는 편이 좋을 터이나, 찌꺼기를 버릴 참이라면 두어 차례 물을 더 붓고 문대껴서 진액을 남김없이 빼낸다.

다음에 그 콩물을 끓인다. 끓이다 보면 거품이 많이 나니 애시당초 큰 그릇을 쓴다. 그리고 처음부터 긴 자루 달린 주걱 같은 것으로 저어 가면서 끓여야지 그러지 않으면 콩물이 눌어 나중에 두부에서

송이 산적은 씹으면 쫄깃하고 싱그러운 솔내가 코를 통해 온몸에 배어, 마치 가을 산속의 솔가지를 주워 몸에 붙인 기분이 나게 한다.

잘 벗겨지고, 좀 시들면 아까운 송이 살점이 조금씩 껍질에 묻어 떨어져 나온다. 껍질을 벗기면 뽀얀 송이살이 드러난다. 그것을 한번 씻어 길이로 놓고 두께가 삼 밀리미터쯤 되도록 저민다. 이때 이미 솔내가 향긋하여 생식을 좋아하는 이는 아삭하고 씹히는 날송이를 먹기도 한다.

그것을 죽 늘어놓고 양쪽 면에다가 후추, 소금이 섞인 참기름을 바른다. 간이 배라고 그러는 것이며 간이 배면 꼬치에 쉽게 꿰어진다. 간이 배지 않은 채로 꼬치에 꿰려면 싱싱한 것이라도 흔히 부서진다.

쪽파도 송이 길이대로 잘라 간한 참기름을 발라 둔다.

송이 산적에는 송이가 열개쯤에 기름기 없는 쇠고기 한근, 쪽파 작은 것 한단 그리고 참기름, 후추, 소금, 파, 마늘, 간장 같은 갖은 양념이 필요하다.

다음에 쇠고기도 또한 삼 밀리미터 두께로 송이보다 조금 길게 —나중에 구우면 오그라드니까.—잘라 자근자근 칼집을 내어 붙고 기거리 양념하듯이 무쳐 둔다.

저마다 간이 배었으면 십 센티미터쯤 되는 꼬치에 송이, 쪽파, 고기를 번갈아 가며 두 차례씩 꿴다.

그것을 석쇠에 올려 놓고 고기가 익을 때까지만 굽는다. 워낙 날로 먹기도 하는 송이는 너무 익혀도 향이 달아나고 질겨진다.

그것을 접시에 얌전히 담아 상에 올리면 세상에서 "가장 귀한 음식"인 것이다. 송이 산적은 씹으면 쫄깃하고 싱그러운 솔내가 코를 통해 온몸에 배이는 듯하다.

흙이 묻어 있는 송이를 대와 머리 사이에 얕게
칼집을 내어 머리는 머리쪽대로, 대쪽은 대쪽대로
거꾸로 잡고 살짝살짝 껍질을 벗긴다.

벗겨 놓은 뽀얀 송이살을 한번 씻어, 길이로 놓고
두께가 3 밀리미터쯤 되도록 저며 양쪽 면에 간이
배게 후추와 소금이 섞인 참기름을 바른다.

쪽파도 송이 길이대로 잘라 간한 참기름을 발라
둔다. 송이버섯에 참기름을 바르는 것은 간도
배고 꼬치에도 쉽게 꿰어지게 하려는 것이다.

쇠고기도 또한 3 밀리미터 두께로 송이보다 조금
길게 잘라 자근자근 칼집을 내어 불고기거리 양념
하듯이 무쳐 둔다.

저마다 간이 배었으면 10 센티미터쯤 되는 꼬치에
송이, 쪽파, 고기를 번갈아 가며 두 차례씩 꿴다.

송이버섯은 너무 익혀도 향이 달아나고 질겨지
니, 석쇠에 올려 놓고 고기가 익을 때까지만 굽는
다.

그런데 송이맛을 진짜 즐기려면 날로 먹거나, 날것을 싫어하는 이라면 석쇠에 슬쩍 구워 소금 간한 참기름을 살짝 찍어 먹거나, 아니면 프라이팬에다 이른바 "버터 구이"를 해먹는 것이 좋다고 한다. 하지만 그렇게 알짜로만 먹기에는 워낙 비싸고 또 손님 상에 올릴 적에는 볼품도 염두에 두어야 하므로 송이 산적을 해먹기도 한다.

하기야 요즈음에는 많은 사람들이 될 수 있으면 손 덜 대고, 더 제맛을 즐기기 위해 여러 양념하지 않는 음식을 찾는 추세이긴 하다. 그래서 그런지 송이로 옛날 요리책에 나오는 대로 송이찜이나 송이 전골을 해먹는다는 이는 이제는 드문 듯하다. 그러나 참고로 찜이나 전골을 하는 방법을 알아 두는 것도 좋을 듯하다.

송이찜은 이렇게 하는 이도 있고 저렇게 하는 이도 있다.

간단하기는 송이에 어슷비슷 칼집 넣어 쇠고기 다져 양념한 것으로 소를 박아 찌는 것이다. 또 하나 좀 복잡하지만 국물까지 즐길 수 있는 것이 있다. 송이를 산적하듯이 저며서 두쪽을 붙여 그 사이에 쇠고기 다져 양념한 것을 얇게 끼워 넣고 밀가루 묻히고 달걀 씌워 번철에 지져 놓고, 맑은 장국 끓여 놓고, 거기에 석이, 표고, 느타리 같은 버섯들을 작게 썰거나 찢어 넣고 한소끔 끓인 뒤에, 밀가루와 감자가루 조금 풀어 국물을 걸쭉하게 만들고, 지져 놓은 송이를 넣고 다시 우르르 끓여 달걀 지단으로 멋내는 경우이다.

송이 전골은, 송이는 얇게 저며 소금 간한 참기름 발라 놓고, 조갯살, 파, 마늘, 깨소금, 참기름 양념하여 재워 두고 고기도 얄팍하게 썰어 양념에 잰다. 쪽파 또한 송이 길이대로 잘라서 준비된 재료 모두를 전골 냄비에 색 맞춰 옆옆이 담고 장국에 간 맞추어 끓여서 먹는 것이다. 먹어 보지 않아도 그 맛을 알 듯하지 않은가.

토란대 나물

　사람들이 흔히 토란을 먹는다고 말할 때에 가리키는 토란은 역시 "토란"이라고 부르는 식물의 뿌리줄기이다. 큰 것이 아이들 주먹만 하고 보통 것은 그것보다 훨씬 더 자잘하다. 거기에 견주어 밖으로 드러난 잎과 줄기는 그처럼 크다. 봄에 토란을 심어 두면 별로 손을 보지 않아도 선선한 바람이 나기 시작할 때에 먹게 되는 "토란"은 그 뿌리줄기인 토란뿐만이 아니라 땅 위에 장대같이 꼿꼿이 선 줄기인 토란대와 그 끝에 달린 토란잎도 사람의 먹이가 된다.

　토란에는 두 종류가 있다. 곧 조선 토란과 왜토란이 있는데 조선 토란은 애토란보다 알이 잘고 그 줄기 곧 토란대에 붉은빛이 돌며 키도 더 짧으나, 맛이 훨씬 더 좋다. 그런데 요새는 조선 토란은 눈에 잘 띄지 않고 알이 굵고 줄기도 긴 왜토란이 많이 나온다.

　그 토란대로 나물을 만들어 먹으면 좋다. 먼저 말린 토란대를 한 시간 남짓하게 물에 불려 부드럽게 한다. 그것을 다시 팔팔 끓는 물에 넣고 삶아 하룻밤을 찬물에 담가 놓아야 한다. 그렇지만 하룻밤을 재울 여유가 없거든 찬물에 한 시간 남짓 담가 놓았다가 다시 한번 삶아서 써도 괜찮다. 토란대에는 아린 기가 있어서 그렇게

들깨즙이 자작자작하게 보이는
토란대 나물 한 그릇

하지 않으면 가시지 않아 먹었을 때에 목이 가렵다.

그러는 한편으로 새우와 조갯살 그리고 굴 같은 해산물이나 쇠고기나 닭고기 같은 것들을 잘게 썰어 놓는다. 이런 것들은 모두 맛을 돋우려고 넣는 것으로 한꺼번에 다 넣어도 좋고 편한 대로 한두 가지만 넣어도 된다.

그리고 토란대 나물을 할 때에 빠뜨릴 수 없는 것이 하나 있으니, 바로 들깨즙이다. 들깨즙은 들깨에 물을 넣고 갈아 고운 체— 흔히 집에서는 조리에 거른다.—에 걸러 낸 것으로 젖빛이 나며 토란대 나물뿐만이 아니라 고구마순이나 머윗대 같은 것들을 볶아 나물을 해먹을 때에도 쓰인다. 쉽게 짐작할 수 있겠듯이 들깨즙은 냄새가 고소하고 기름져서 토란대 같은 것을 나물로 볶을 때에 부어 넣으면 따로 기름을 치지 않아도 된다. 요새야 들깨즙을 만들 때에

토란대. 우리가 흔히 토란이라고 부르는 것은 토란의 뿌리줄기이며, 땅 위로 솟아 나온 토란대로도 국을 끓이거나 나물을 해먹을 수 있다.(왼쪽)

토란대를 적당한 길이로 토막내 껍질을 벗겨내면 하얗고 부드러운 속살이 나온다. 이것을 말려서 갈무리해 두면 훌륭한 밑반찬이 된다.(위, 아래)

토란대 나물 101

말려 두었던 토란대를 먹을 만큼
꺼내어 물에 불린다.
토란대 나물을 볶을 때에는 이처럼
새우나 조갯살, 굴 또는 쇠고기나
닭고기를 잘게 썰어 넣어 맛을 돋운
다.(왼쪽)

전기 믹서에다가 드르륵 갈면 되겠지만 옛날에는 돌확을 썼다.

이런 것들이 다 갖추어졌으면 잘 달구어진 프라이팬이나 두꺼운
냄비에다 볶는다. 먼저 물에 담가 놓은 토란대를 꼭 짜 넣고 새우,
조갯살을 넣고 곱게 다진 파, 마늘과 붉은 고추로 양념하고 조선
간장으로 간을 한다. 그리고는 준비해 둔 들깨즙을 알맞게 붓고
국물이 자작자작할 때까지 볶는데, 앞서 말했듯이 들깨의 즙인 국물
의 맛이 고소하여 이를 즐기려는 경우에는 좀 나우 붓기도 한다.

토란대는 미리 삶아 충분히 익힌 것인 만큼 새우와 조갯살이 다
익었으면 그릇에 담아 식혀 낸다. 굳이 식혀서 먹는 것은 뜨거울
때보다는 찬 음식에서 고소한 맛이 더 살기 때문이다.

이 토란대 나물은 언제 먹어도 싫증나지 않게 담백하고 씹히는
맛이 있으며 고소하다.

물에 불린 토란대를 펄펄 끓는 물에 삶아 하룻밤 찬물에 담가 두어야 그 아린 맛이 빠진다.

토란대를 물에 담가 놓은 동안에 새우나 조개 같은 다른 재료들을 손질해 둔다.

들깨즙을 낸다. 요새는 흔히 전기 믹서를 쓰지만 옛날에는 이런 돌확에다 갈아서 체에 걸러 썼다.

물에 담가 두었던 토란대를 물기가 거의 없도록 꼭 짠다.

뜨겁게 달구어진 두꺼운 냄비에 준비된 재료들과 양념을 넣고 들깨즙을 붓는다.

들깨즙을 부었으므로 달리 기름을 칠 필요는 없다. 토란대는 미리 익힌 것인 만큼 새우 같은 것이다 익으면 나물이 다 된 것이다.

섭산적

서양의 햄버거는 알아도 우리의 고유한 음식인 섭산적을 아는 이는 드물다. 곱게 간 쇠고기에다 여러 가지 재료를 섞어 반대기를 지어 익힌 음식이기는 햄버거와 마찬가지이지만, 햄버거에는 빵가루와 달걀 같은 것들이 들어가고 섭산적에는 갖가지 양념이 들어간다. 또 햄버거는 프라이팬에 지지지만 섭산적은 숯불에 얹힌 석쇠에 구워야 제맛이 난다.

섭산적을 만들려면 재료로 쇠고기에서 기름기가 없는 순살인 소의 볼기살(우둔살) 한근쯤과 우리나라 고기 음식엔 으레껏 들어가는 파, 마늘을 비롯한 갖은 양념, 그리고 잣가루를 준비한다.

먼저 쇠고기를 잘게 썰어 다시 곱게 다진다. 요새는 푸줏간에서 기계로 고기를 곱게 갈아 주어 편하기는 하지만, 도마에 놓고 다질 때에 "다다닥 닥닥" 하며 식구들에게 저녁 밥상에 대한 기대를 불러일으키는 기분 좋은 소리를 듣기 어렵게 된 것이 조금은 아쉽다.

거기에다 파, 마늘—쇠고기 한근이라면 굵은파 두어 뿌리, 마늘 큰 것으로 대여섯쪽—을 다져 넣고, 깨소금, 후춧가루, 참기름은 나우 넣고, 설탕 조금 넣고, 진간장과 소금으로 간을 한다. 진간장으

잘 구워진 섭산적 한 접시. 먹기 좋은 크기로 잘라 저마다 보기 좋게 잣가루를 뿌려
소복하게 담아 놓았다.

로만 간을 하면 구울 때에 물이 많이 나고, 소금으로만 하게 되면
맛이 덜하니 알맞게 섞어서 쓴다. 그렇게 해서 양념을 다 넣었으면
그 맛이 고루 가도록 손으로 주물주물 섞는다.

그것을 두께가 어른 손가락 굵기만하게 하여 넓적하게 반대기를
만들어 도마 위에 놓고 칼로 자근자근 두드려 가로 세로 무늬를
넣고 숯불에 달구어진 석쇠에 올려 굽는다.

이때에 두꺼운 한지를 반대기 크기 만큼씩 하게 잘라 물에 적셔
석쇠에 놓고 그 위에 고기를 올려 놓으면, 고기에서 나오는 기름이
나 물이 숯불에 바로 떨어지지도 않으려니와 숯불이 좀 세어서 불꽃
이 석쇠에 닿아도 고기가 타지 않고 골고루 익는다. 이때에 숯불의

섭산적의 재료인 쇠고기 우둔살 한근과 잘 다듬어진 파와
마늘. 고기를 많이 먹는 서양 사람들이 거개가 마늘을 싫어
하는 데에 견주어 우리나라 사람들은 고기를 조리할 때에
파와 마늘을 넉넉히 넣어 그 노린내를 없앤다.

먼저 쇠고기를 잘게 썰어 다시 곱게 자근자근
다진다. 요새는 필요에 따라 푸줏간에서 기계로
곱게 갈아 주기도 한다.

파와 마늘은 음식이 완성되었을 때에 그것들이
보이지 않도록 곱게 다져야 한다.

섭산적에 넣는 양념은 파, 마늘말고도 깨소금,
후춧가루, 참기름, 그리고 설탕이 있다.

간은 진간장과 소금을 섞어서 한다.

세기는 불꽃이 올랐다가 가라앉아 발갛게 달구어진 정도가 알맞다.

한쪽이 노릇노릇하게 구워지면 뒤집어서 남은 한쪽도 마저 익힌다. 다 익은 섭산적이 조금 식으면—너무 뜨거울 때에 썰면 헤지기는 여느 음식과 같다.—먹기 좋을 만한 크기로 네모지게 잘라 잣가루를 뿌려 더울 때에 상에 올린다.

그 같이 만드는 섭산적은 고기를 다져서 하기 때문에, 흔히 제사상이나 차례상에 올리려고 쇠고기를 그냥 두껍게 저며 양념하여 익힌 산적만큼 씹는 맛은 적으나 질기지 않아 먹기 좋을 뿐만이 아니라 프라이팬에 지진 것처럼 기름이 배어 있지 않고 고기의 담백한 맛이 그대로 살아 있다.

양념이 고루 밴 쇠고기를 반대기 지어 도마에 올려 놓고 칼로 살살 두드려 가로 세로 무늬를 놓는다.

석쇠를 먼저 숯불에 올려 놓고 달군다. 달구어지지 않은 석쇠에 바로 고기를 얹었으면 눌어붙어 못 쓴다.

두꺼운 한지를 반대기 크기만큼씩 오려 물에 적셔 석쇠에 깐다.

한지는 고기에서 나는 물이나 기름이 숯불에 떨어져 연기가 나거나, 고기가 타는 것을 막아 준다.

어복쟁반

　어복장국이라고 부르기도 하는 어복쟁반은 놋쟁반 위에 편육을 담아 뜨거운 육수를 부은 음식이다. 밥 반찬으로보다는 술 안주로 더 적당하니, 따끈하게 데운 청주나 소주를 마시면서 고기를 집어먹다가 이따금 개운한 국물이 생각나면 쟁반을 기울여 입을 대고 마시는 것이 재미있다. 그러니 좀 점잖은 사람들의 술자리에 어복쟁반이 올라 직접 쟁반에 손을 대기 어려우면 반대쪽에 앉은 이가 국물을 먹고 싶어하는 눈치가 보이면 이쪽에서 쟁반을 친절히 기울여 주고 하여 한결 그 자리를 따뜻하게 해주었다고 한다. 그리고 고기를 다 먹을 즈음이면 메밀국수를 뜨거운 국물에 말아 훌훌 건져 먹으며 입가심을 했다고 한다.

　세 사람이 너끈히 먹을 어복쟁반을 차리려면 다음과 같은 재료들이 필요하다. 곧 국물과 편육을 만들 쇠고기로 양지머리와 우설, 유통(소젖통)이 저마다 이백 그램씩, 느타리버섯이 열개 안팎, 대파 두어 뿌리, 배 사분의 일개, 그 밖에 고명으로 얹을 밤과 대추, 은행, 잣, 달걀 들이 준비되어야 한다.

　재료로 보자면 어복쟁반은 쇠고기가 주인공인 셈이니, 고기가

고기와 국물과 메밀국수가 함께 어우러진 어복쟁반

맛이 좋아야 함은 두말할 나위도 없다. 양지머리는 잘 알다시피
편육이나 국거리로 많이 쓰이는 부위로 돼지고기의 삼겹살과 같
다. 기름과 살이 층을 이루고 있어 맛이 연하고 구수하다. 유통은
날로는 감촉이 흐물흐물 하여 맛이 없어 보이나 삶아 놓으면 좀
누런 빛이 나며 마치 날고구마를 씹듯이 뚝뚝 잘라지며 맛이 무척
구수하다. 우설은 한자말 그대로 소의 혀를 가리킨다. 맛은 여느
부위와 다른 바 없으나 아주 연한 것이 특징이고 주로 편육거리나
수육거리로 쓰인다.

　쇠고기를 사왔으면 먼저 찬물에 담가 핏물을 뺀다. 그래야 소의
특유한 누린내가 가신다.(수입 쇠고기보다 한우 고기가 맛이 좋음은

사실이나 전문인이 아니면 한우인지 수입 소인지 알아낼 수 없다고 하니 한우 찾는 노력이 공연한 헛수고가 될지도 모른다고 한다.) 어지간히 핏물이 빠지면 팔팔 끓는 물에 넣어 한 시간 반쯤 푹 삶는다. 젓가락으로 찔러 보아 핏물이 배어 나오지 않고 젓가락이 쑥 들어가면 다 익은 것이니 불을 끄고 고기를 건져 차게 식힌다.

고기를 삶는 동안에 어복쟁반에 곁들일 갖가지 재료를 다듬어 둔다.

느타리버섯은 슬슬 씻어 끓는 물에 삼분쯤 살짝 데친 다음에 찬물에서 깨끗이 씻어 물기를 짜내고 결대로 찢는다. 버섯의 종류가 여럿이나 쇠고기와 가장 맛이 가깝고 어울리기는 느타리버섯이 으뜸이니 그 찔깃찔깃하게 씹히는 느낌이 그럴싸하다. 이것을 진간장과 마늘, 후춧가루, 참기름으로 버무려 프라이팬에서 슬쩍 볶아 둔다.

파 또한 끓는 물에 "담갔다" 뺀다. 음력 설 무렵에 시장에 나오는 움파(추운 겨울에 먹을 요량으로 땅속에 묻어 노오랗게 움이 튼 파를 움파라고 한다. 요새는 비닐 하우스가 있어 한겨울에도 새파란 대파를 먹을 수 있어 움파 사용이 줄어들었다고 한다.)나 대파의 겉껍질을 벗겨내고 연하고 맛이 담백한 속 알갱이를 끓는 물에 데쳐 십 센티미터쯤 되게 자른다.

밤과 대추는 그냥 밥에 쪄 놓아도 좋으나 좀더 맛을 내려면 꿀이나 물엿으로 조린 밤초와 대추초를 만들어도 좋다. 조릴 때에 계피가루를 살짝 섞으면 은은한 계피향이 더하여져 찐밤보다 한결 맛이 좋아진다. 은행은 뜨겁게 달군 프라이팬에 볶아 주걱으로 껍질을 벗겨낸 뒤에 끓는 물에 슬쩍 데친다. 은행에서 알게 모르게 풍기는 구린 냄새를 없애려고 그런다. 달걀은 두알은 되도록 노른자가 가운데에 오도록 삶고 나머지 한알로는 지단을 부쳐 채를 쳐 둔다. 배도 기다랗게 채쳐 둔다.

쇠고기를 먼저 찬물에 담가 핏물을 빼는 한편으로
누린내를 없앤다. 그런 다음에 팔팔 끓는 물에
집어넣어 한 시간 반쯤 푹 곤다. 젓가락으로 찔러
쑥 들어가면 고기를 건져 차게 식힌다.

느타리버섯은 슬슬 씻어 끓는 물에 삼분쯤 살짝
데친 다음 물기를 짜내고 결대로 찢는다. 이것을
양념해 프라이팬에 슬쩍 볶아 둔다. 대파 또한
겉껍질을 벗겨 데쳐 10 센티미터쯤 자른다.

고기가 차게 식었으면 납작납작하게 편육 썰 듯이
썬다. 고기에 온기가 남아 있는 채로 썰면 잘 썰어
지지 않고 썰어지더라도 모양이 지저분해진다.

고기와 아까 손보아 둔 느타리버섯과 대파를 한데
에 놓고 갖은 양념을 넣어 버무린다. 곧 진간장과
다진 마늘, 후춧가루, 참기름, 통깨를 적당히 넣어
손으로 슬슬 뒤적여 무친다.

쟁반에 편육을 죽 돌려 담고 그 사이에 느타리버
섯과 대파, 삶은 달걀, 밤과 대추 등을 놓고 여기에
처음에 쇠고기를 삶아낸 국물에 심심하게 간을
해서 따끈하게 데워 붓는다.

이제 고기가 차게 식었으면 납작납작하게 편육 썰 듯이 썬다. 고기에 온기가 남아 있는 채로 썰면 잘 썰어지지 않고 썰어지더라도 모양이 지저분해지니 반드시 차게 식혀서 썬다.

고기와 아까 손보아 둔 느타리버섯과 대파를 한데에 놓고 갖은 양념을 넣어 버무린다. 곧 진간장과 다진 마늘, 후춧가루, 참기름, 통깨를 적당히 넣어 손으로 슬슬 뒤적여 무치면서 양념이 골고루 배도록 한다. 이렇게 미리 양념을 해 두어야 고기나 느타리버섯이나 대파가 맛이 좋아진다. 간은 조금 싱겁다 싶게 한다.

재료가 모두 준비되었다. 쟁반에 편육을 죽 돌려 담고 그 사이 두세곳에 느타리버섯과 움파를 놓는다. 그리고 삶은 달걀을 반으로 갈라 서너 군데에 두고 그 옆에 나란히 밤초와 대추초, 은행을 놓는다. 채 썬 배와 달걀 지단 또한 두세곳에 가지런히 놓되 지저분해 보이지 않도록 조금만 놓는다. 여기에, 처음에 쇠고기를 삶아낸 국물을 심심하게 간을 해서 따끈하게 데워 붓는다.

그리고 가운데에는 초간장 그릇을 놓아 두어 고기를 찍어 먹도록 한다. 고기를 다 먹은 뒤엔 메밀국수를 뜨거운 국물에 말아 건져 먹는 맛도 별미이며 또 재미라면 재미다. 또 술자리가 길어져 국물이 바닥이 나거나 식으면 뜨거운 국물을 부어 늘 따뜻한 온기를 유지하도록 한다. 음식점에서는 어복쟁반을 아예 불 위에 올려 놓은 채로 먹기도 하나 그리면 따뜻하기는 할 망정 국물이 졸아들어 자칫하면 짜질 수 있다.

모시떡과 작고편

　흔히 제사떡은 크게 본편과 잔편으로 나눌 수 있다. 본편이라 함은 크고 넓적한 시루떡을 말하는 것으로 백편이나 찰편으로 하고, 잔편이라 함은 여러 종류의 자잘한 떡을 가리키는 것으로 철 따라 모시떡, 송기떡, 증편, 작고편, 부편, 쑥굴리, 경단, 주악, 화전 들에서 대여섯 가지를 하기 마련이다. 그 잔편 중에서 몇 가지를 소개해 본다.

　모시떡과 송기떡은 재료만 다를 뿐이어서 만드는 과정은 거의 비슷하다. 모시떡의 재료에는 옷감을 짜는 모시풀의 잎사귀가 있고 송기떡의 재료에는 소나무 잔가지의 속껍질이 든다.

　모시떡을 하자면 먼저 모시잎을 삶는다. 모시잎은 초봄에 보드라울 때에 따서 질긴 잎줄기를 발라내고 삶는데, 그때에 신식 재료이기는 하지만 식용 소다를 넣으면 빛이 더 파랗고 몰캉몰캉하게 삶아진다. 또 냉장고가 있는 요즈음에는 봄마다 한햇거리를 삶아 냉동실에 넣어 두고 필요할 때마다 꺼내 쓴다. 식용 소다가 없던 옛날에는 콩깍지를 태워 잿물을 내려 썼다. 오래 삶지 않고 나물 데치듯이 하여 불끈 짠다. 그것을 찹쌀가루와 멥쌀가루를 오대 일의 비율로

잔편 여러 가지. 가운데에 있는 것이 주악편, 그 위부터 시계 바늘 방향으로 화전, 송편, 송기떡, 주악, 모시떡, 증편 들이다.

섞은—찹쌀가루로만 하면 다 찐 뒤에 늘어져서 모양이 찌그러진 다.—떡가루에 섞어 반죽을 한다. 반죽은 가루가 촉촉히 젖을 만큼 씩 조금씩 물을 넣어 가며 절구질로 한다. 손으로 해서는 모시의 파란 빛깔이 곱게 섞이지 않는다. 반죽이 다 되면 커다란 눈깔 사탕 만큼씩 떼어내어 가운데를 오목하게 파서 소를 넣고 꼭꼭 아물려 조개 모양으로 빚는다. 소는 팥 앙금을 내려 만든 것인데 그에 관하여는 나중에 다시 설명하겠다. 그렇게 빚은 것을 쪄서 뜨거울 때에 하나하나 참기름을 묻혀 놓는다.

　앞서 말했듯이, 송기떡은 모시떡에서 소나무 속껍질을 쓰는 것만 다르다. 요즈음은 소나무를 꺾는 것이 법으로 금지되어 있기는 하

잔편을 저마다 따로 담아 보았다.

다. 과자가 귀했던 옛날에는 봄에 소나무에 물이 오를 때에 소나무 잔가지를 꺾어 겉껍질은 벗겨내고 하얀 속껍질을 벗겨 씹으면 단물이 나와 훌륭한 군것질거리가 되었었다. 송기떡에 쓸 소나무 가지는 그보다는 좀 굵어 열살쯤 먹은 아이의 팔뚝만한 굵기여야 한다. 물이 오르는 소나무 몸에서 겉껍질은 깎아내 버리고 속껍질만을 긁어 모아 삶는다. 그 속껍질이 송기인데, 송기는 모시잎과는 달리 섬유질이 아주 많고 질기므로 아침부터 한나절 내내 삶아야 한다. 그것을 절구에 찧어서 물에 넣어 확 풀어지면 겹체에 밭쳐서 앙금을 가라앉혀 웃물을 따라 버리고 그 송기가루만을 떡가루에 넣고 반죽을 하는 것이다. 반죽을 할 때부터는 모시떡과 똑같다.

모시떡과 송기떡, 그리고 주악에 쓰일
재료들이다. 동그란 접시에 담긴 것이
모시잎과 송기 말린 것이다.

　참기름을 발라 나란히 놓은 모시떡과 송기떡은 그 모양은 똑같고
빛깔만 수박 빛깔과 짙은 갈색으로 좋은 대조를 이루며 마치 보석과
같이 아름답다.
　모시떡은 풋풋한 내음이 나고, 송기떡은 솔내가 나며 조금씩 섬유
질이 씹히는 맛이 있다.
　모시떡, 송기떡과 모양은 같고 빛깔만 붉은빛을 띠는 것이 있으니
주악이라고 불렀다. 찹쌀가루를 반죽하여 소를 넣어 조개 껍질 모양
으로 빚어 기름에 지져 내는 것이다. 기름에 지질 때에 기름이 뜨거

삶은 모시잎과 떡가루를 반죽한다. 반죽은 가루가
촉촉히 젖을 만큼 조금씩 물을 부어 가며 절구질
로 한다.

눈깔사탕만하게 떼어낸 떡반죽 가운데를 오목하게
파고 소를 넣고 있다.

무명 보자기를 깐 찜통에 찐다.

떡이 뜨거울 때에 참기름을 바른다. 참기름을 바르
는 까닭은 맛도 돋우고 떡을 괼 때에 들러붙지
않도록 하려 함이다.

떡가루를 반죽하여 소를 넣고 경단처럼 둥글게 빚
어 대추와 석이버섯으로 된 고물에 굴리고 있다.

워져서 자글자글하거든 지치 뿌리—한약재로도 쓰이며 옛날에 음식에 붉은 물을 들일 때에 쓰던 것으로 요즈음에도 한약방에서 살 수 있다.—를 드문드문 놓으면 기름이 빨갛게 된다. 빚어 놓은 떡을 그 기름에 지지니 붉은빛을 띠는 것이 여간 아름답지 않다.

작고편을 만드는 것을 보자.

작고편은 찹쌀가루로만 반죽을 하여 또한 소를 넣고 눈깔사탕만큼씩 하게 동그랗게 빚는다. 그것을 따끈한 물에 담가 얼른 건져 내어—겉의 물기가 접착제 구실을 한다.—대추와 석이를 곱게 채친 것에 굴려 골고루 흠뻑 묻혀 살짝 눌러 둥글납작하게 만들어 쪄서 참기름을 묻힌다. 대추를 채칠 때에는 한쪽을 길이로 갈라 씨를 빼고 밀가루나 콩가루를 묻혀 칼등으로 두드려 납작하게 하여 채치면 곱고 보드랍게 된다. 이렇게 하여 만든 작고편은 대추 빛깔과 석이버섯의 까망 빛깔이 어우러져 꽤 맛스러워 보이는데, 아닌 게 아니라 그 대추 씹히는 맛이 좋아 먹고 또 먹어도 또 손이 간다.

또 하나 독특한 것으로 증편—기주떡 또는 술떡—이 있다. 우리가 흔히 아는 증편은 시루떡처럼 넓적하여 네모반듯하게 칼로 썰어 먹는 것인데 아예 꽃처럼 빚기도 한다.

증편을 하려면 먼저 멥쌀로 죽을 쑨다. 아주 묽게 하여 쌀이 완전히 퍼질 때까지 쑨다. 그 죽을 싸늘하게 식힌 다음에 막걸리 같은 곡주를 넣고, 또 메주콩 불려 갈아 걸러 짠 콩물도 조금 부어 그릇에 담아 뜨끈뜨끈한 곳에 두고 하룻밤을 묵혀 발효시킨다.(요새는 이스트를 써서 발효시키기도 한다.) 거기에다가 멥쌀 빻은 떡가루를 넣고 되직하게 반죽하여 몇시간을 두어 다시 발효시킨다. 그러니까 앞서 쑨 죽은 발효시키기 위해 만든 "밥"인 것이다.

잘 발효되거든 반죽을 조금 떼어 요즈음 흔히 눈에 뜨이는 과꽃만한 크기로 납작하게 펴고 그 위에 소를 놓고 다시 같은 크기의 반죽을 덮는다. 그 위에 대추 채친 것과 석이 채친 것을 여섯 방향으로 번갈아 놓고 가운데에 잣을 박았다. 그것 또한 쪄서 참기름을 발라 놓았다.

그처럼 떡마다 참기름을 바르는 까닭은 맛을 돋우기 위함이기도 하려니와 떡을 괼 때에 서로 들러붙는 것을 막기 위함이다.

끝으로 팥을 앙금내어 소를 만드는 것을 보자.

팥이 확 퍼지도록 오래 삶는다. 가는 체에 걸러 껍질은 다 걸러 내고 앙금을 내린다. 앙금이 가라앉거든 물은 다 따라 버리고 한복 안감같이 잠자리 날개처럼 고운 천으로 만든 자루에 넣고 꼭 짜서 물기를 하나도 없이 한다. 그것에다가 그것과 같은 분량의 설탕을 넣고 뜨거운 불에 볶는다. 이때에 설탕이 녹아 그 물에 팥 앙금이 엉기니 그것이 곧 소로 쓰일 것이다. 이것도 한꺼번에 많이 하여 얼려 두면 언제든지 꺼내어 녹여 쓸 수 있다.

빛깔있는 책들 201-5

봄가을 음식

글	—뿌리깊은나무
사진	—뿌리깊은나무
발행인	—장세우
발행처	—주식회사 대원사
주간	—박찬중
편집	—김한주, 조은정, 황인원
미술	—차장/김진락
	김은하, 최윤정, 한진
전산사식	—김정숙, 육세림, 이규헌

첫판 1쇄 —1989년 12월 30일 발행
첫판 6쇄 —2007년 8월 30일 발행

주식회사 대원사
우편번호/140-901
서울 용산구 후암동 358-17
전화번호/(02) 757-6717~9
팩시밀리/(02) 775-8043
등록번호/제 3-191호
http://www.daewonsa.co.kr

ISBN 89-369-0064-1 00590

빛깔있는 책들